国家出版基金项目
NATIONAL PUBLICATION FOUNDATION

Library of Western Classical Architectural Theory
西方建筑理论经典文库

洛吉耶 论建筑

[法] 马克—安托万·洛吉耶 著

尚晋 张利 王寒妮 译

国家出版基金项目
NATIONAL PUBLICATION FOUNDATION

Library of Western Classical Architectural Theory

西方建筑理论经典文库

A

洛吉耶
论建筑

[法] 马克—安托万·洛吉耶 著

尚　晋
张　利　译
王寒妮

中国建筑工业出版社

2013年度国家出版基金项目

图书在版编目（CIP）数据

洛吉耶论建筑／（法）洛吉耶著；尚晋，张利，王寒妮译． —北京：中国建筑工业
出版社，2014.12
（西方建筑理论经典文库）
ISBN 978-7-112-17894-0

Ⅰ．①洛…　Ⅱ．①洛…②尚…③张…④王…　Ⅲ．①建筑理论　Ⅳ．①TU-0

中国版本图书馆CIP数据核字（2015）第047826号

Marc-Antoine Laugier, *Essai sur l'Architecture*/Duchesne, Paris, 1755

丛书策划
清华大学建筑学院　　吴良镛　王贵祥
中国建筑工业出版社　张惠珍　董苏华

责任编辑：董苏华　孙书妍
责任设计：陈　旭　付金红
责任校对：李欣慰　陈晶晶

西方建筑理论经典文库
洛吉耶论建筑
［法］马克-安托万·洛吉耶　著
　　尚晋　张利　王寒妮　译
*
中国建筑工业出版社出版、发行（北京西郊百万庄）
各地新华书店、建筑书店经销
北京嘉泰利德公司制版
北京顺诚彩色印刷有限公司印刷
*
开本：787×1092毫米　1/16　印张：5¾　字数：109千字
2015年4月第一版　2015年4月第一次印刷
定价：30.00元
ISBN 978-7-112-17894-0
　　　　（27095）
版权所有　翻印必究
如有印装质量问题，可寄本社退换
（邮政编码100037）

目录

中文版总序

"西方建筑理论经典文库"系列丛书在中国建筑工业出版社的大力支持下，经过诸位译者的努力，终于开始陆续问世了，这应该是建筑界的一件盛事，我由衷地为此感到高兴。

建筑学是一门古老的学问，建筑理论发展的起始时间也是久远的，一般认为，最早的建筑理论著作是公元前 1 世纪古罗马建筑师维特鲁威的《建筑十书》。自维特鲁威始，到今天已经有 2000 多年的历史了。近代、现代与当代中国建筑的发展过程，无论我们承认与否，实际上是一个由最初的"西风东渐"，到逐渐地与主流的西方现代建筑发展趋势相交汇、相合流的过程。这就要求我们在认真地学习、整理、提炼我们中国自己传统建筑的历史与思想的基础之上，也需要去学习与了解西方建筑理论与实践的发展历史，以完善我们的知识体系。从维特鲁威算起，西方建筑走过了 2000 年，西方建筑理论的文本著述也经历了 2000 年。特别是文艺复兴之后的 500年，既是西方建筑的一个重要的发展时期，也是西方建筑理论著述十分活跃的时期。从 15 世纪至 20 世纪，出现了一系列重要的建筑理论著作，这其中既包括 15 至 16 世纪文艺复兴时期意大利的一些建筑理论的奠基者，如阿尔伯蒂、菲拉雷特、帕拉第奥，也包括 17世纪启蒙运动以来的一些重要建筑理论家和 18 至 19 世纪工业革命以来的一些在理论上颇有建树的学者，如意大利的塞利奥；法国的洛吉耶、布隆代尔、佩罗、维奥莱－勒－迪克；德国的森佩尔、申克尔；英国的沃顿、普金、拉斯金，以及 20 世纪初的路斯、沙利文、赖特、勒·柯布西耶等。可以说，西方建筑的历史就是伴随着这些建筑理论学者的名字和他们的论著，一步一步地走过来的。

在中国，这些西方著名建筑理论家的著述，虽然在有关西方建筑史的一般性著作中偶有提及，但却多是一些只言片语。在很长一个时期中，中国的建筑师与大学建筑系的教师与学生们，若希望了解那些在建筑史的阅读中时常会遇到的理论学者的著作及其理论，大约只能求助于外文文本。而外文阅读，并不是每一个人都能够轻松胜任的。何况作为一个学科，或一门学问，其理论发展过程中的重要原典性历史文本，是这门学科发展历史上的精髓所在。所以，一些具有较高理论层位的经典学科，对于自己学科发展史上的重要理论著作，不论其原来是什么语种的文本，都是一定要译成中文，以作为中国学界在这一学科领域的背景知识与理论基础的。比如，哲学史、美学史、艺术哲学，或一般哲学社会科学史上西方一些著名学者的著述，几乎都有系统的中文译本。其他一些学科领域，也各有自己学科史上的重要理论文本的引进与译介。相比较起来，建筑学科的经典性历史文本，特别是建筑理论史上一些具有里程碑意义的重要著述，至今还没有完整而系统的中文译本，这对于中国建筑教育界、建筑理论界与建筑创作界，无疑是一件憾事。

在几年前的一篇文章中，我特别谈到了建筑创作要"回归基本原理"（Back to the basic）的概念，这是一位西方当代建筑理论学者的观点。对于这一观点我是持赞成态度的。那么，什么是建筑的基本原理？怎样才能够理解和把握这些基本原理？如何将这些基本原理应用或贯穿于我们当前的建筑思维或建筑创作之中呢？要了解并做到这一点，尽管有这样或那样的可能途径，但其中一个重要的途径，就是要系统地阅读西方建筑史上一些著名建筑理论学者与建筑师的理论原著。从这些奠基性和经典性的理论著述中，结合其所处时代的建筑发展历史背景，去理解建筑的本义，建筑创作的原则，建筑理论争辩的要点等等，从而深化我们自己对于当代建筑的深入思考。正是为了满足中国建筑教育、建筑历史与理论，以及建筑创作领域对西方建筑理论经典文本的这一基本需求，我们才特别精选了这一套书籍，以清华大学建筑学院的教师为主体，进行了系统的翻译研究工作。

当然，这不是一个简单的文字翻译。因为这些重要理论典籍距离我们无论在时间上还是在空间上，都十分遥远，尤其是普通读者，对于这些理论著作中所涉及的许多西方历史与文化上的背景性知识知之不多，这就需要我们的译者，在准确、清晰的文字翻译工作之外，还要格外地花大气力，对于文本中出现的每一位历史人物、历史地点及历史建筑等相关的背景性知识逐一地进行追索，并尽可能地为这些人名、地名与事件加以注释，以方便读者的阅读。这就是我们这套书除了原有的英文版尾注之外，还需要大量由中译者添加的脚注的原因所在。而这也从另外一个侧面，增加了本书的学术深度与阅读上的知识关联度。相信面对这套书，无论是一位希望加强自己理论素养的建筑师，或建筑学子，还是一位希望在西方历史与文化方面寻求学术营养的普通读者，都会产生极其浓厚的阅读兴趣。

中国建筑的发展经历了 30 年的建设高潮时期，改革开放的大潮，催生出了中国历史上前所未有的建造力，全国各地都出现了蓬蓬勃勃的建设景观。这样伟大的时代，这样宏伟的建造场景，既令我们兴奋不已，也常常使我们惴惴不安。一方面是新的城市与建筑如雨后春笋般每日每时地破土而出，另外一个方面，却也令我们看到了建设过程中的种种不尽如人意之处，如对土地无节制的侵夺，城市、建筑与环境之间矛盾的日益突出，大量平庸甚至丑陋建筑的不断冒出，建筑耗能问题的日益尖锐，如此等等。

与建筑师关联比较密切的是建筑创作问题，就建筑创作而言，一个突出的问题是，一些投资人与建筑师满足于对既有建筑作品的模仿与重复，按照建筑画册的样式去要求或限定建筑师的创作。这样做的结果是，街头到处充斥的都是似曾相识的建筑形象，更有甚者，不惜花费重金去直接模仿欧美19世纪折中主义的所谓"欧陆风"式的建筑式样。这不仅反映了我们的一些建筑师在建筑创作上缺乏创新，尤其是缺乏对中国本土文化充分认知与思考基础上的创新，这也在一定程度上反映了，在这个大规模建造的时代，我们的建筑师在建筑文化的创造上，反而显得有点贫乏与无奈的矛盾。说到底，其中的原因之一，恐怕还是我们的许多建筑师，缺乏足够的理论素养。

当然，建筑理论并不是某个可以放之四海而皆准的简单公式，也不是一个可以包治百病的万能剂，建筑创作并不直接地依赖某位建筑理论家的任何理论界说。何况，这里所译介的理论著述，都是西方建筑发展史中既有的历史文本，其中也鲜有任何直接针对我们现实创作问题的理论阐释。因此，对于这些理论经典的阅读，就如同对于哲学史、艺术史上经典著作的阅读一样，是一个历史思想的重温过程，是一个理论营养的汲取过程，也是一个在阅读中对现实可能遇到的问题加以深入思考的过程。这或许就是我们的孔老夫子所说的"温故而知新"的道理所在吧。

中国人习惯说的一句话是"开卷有益"，也有一说是"读万卷书，行万里路"。现在的资讯发达了，人们每日面对的文本信息与电了信息，已呈爆炸的趋势。因而，阅读就要有所选择。作为一位建筑工作者，无论是从事建筑理论、建筑教育，或是从事建筑历史、建筑创作的人士，大约都在"建筑学"这样一个学科范畴之下，对于自己专业发展历史上的这些经典文本，在杂乱纷繁的现实生活与工作之余，挤出一点时间加以细细地研读，在阅读的愉悦中，回味一下自己走过的建筑之路，静下心来思考一些问题，无疑是大有裨益的。

吴良镛

中国科学院院士
中国工程院院士
清华大学建筑学院教授
2011 年度国家最高科学技术奖获得者

原屋（Primive hut）

警　言

广大读者对拙著的厚爱让我感到使它尽善尽美是我责无旁贷之事。我未曾想v
到会有如此之多的人爱不释手。枯燥的主题、新颖的原则和大胆的批评都让我为
这本书的命运担忧。而我挑战既成的传统和偏见的武器只不过是严谨的推理。

在这种顾虑之外，我甚至希望有批评家能直言不讳。所以我决定从一开始就
隐去作者的姓名，因为他的名字不会让这本书有一丝增色，而会给他带来不利的
偏见。所幸在这本大胆的著作获得成功之前，我的名字一直是不为人知的。尖锐vi
的批评是我所期待的，因为那一定会让我受益匪浅。我找遍了所有刊物去发现自
己的错误，结果只看到宽厚的读者把一切都归于我的善意与正直。

不久前我刚刚看到一本题为《驳建筑论》(Examen d'un Essai sur l'Architecture)
的书。它的作者在努力证明我是在对自己一窍不通的艺术夸夸其谈，还把奇怪的
格调和离经叛道作为原则。

这本《驳建筑论》的前言与正文风格迥异，我甚至怀疑它出自另一位高人。vii
这位作者以傲慢轻佻的口吻侮辱我，而我也绝不会让自己的声誉受到一点损害。
对于我提出的原则，或许确凿的推理要比轻率的诋毁更能让我在意。他称呼我为
"自命不凡的天才"、"辍学的孩子"、"无名鼠辈"，甚至认为我的洗礼证明是伪造的。
他宣称我是在妖言惑众，而我必须用更有效的办法才能让人看清事实。

这位作者指责我文风的鲁莽，并说我的教条专横霸道。我承认这是问题，但viii
毕竟瑕不掩瑜。问题在于我的方向是否正确，还是已经误入歧途。前言的作者没
有回答这个问题。他只不过是彬彬有礼地帮一位朋友义气地攻击我。

我再说说连篇累牍地驳斥我《建筑论》的那个人，其实很肤浅。我以一位珍
惜自己名誉的作者和追求真理的哲学家的眼光一字一句地去看。我很快发现自己

---

* 洛吉耶的《建筑论》(Essai sur l'Architecture) 于 1753 年早春时期出现于巴黎书店内，同年出现了《驳建筑论》
一书。"警言"是针对后者而写的。——中译注

的对手是一位专家。这让我在阅读时更加仔细，因为我希望能从中受到启发。我看到他总是在提传统，却不用推理，其实哪怕一点点也是有说服力的。这位建筑师力图证明我的无知，并指责我谴责所有大师的做法。对此我并不否认。但是，他忘记了关键的问题——没有用理性推翻我的原则。用一本厚厚的书说我不尊重帕拉第奥（Palladio）、斯卡莫齐（Scamozzi）、维尼奥拉（Vignole）、布隆代尔（Blondel）是毫无意义的。我已经证明自己绝对没有欺世盗名，也不需要有人提醒我有多鲁莽。一两页合理的论述就足以解决问题，何须长篇大论地说我玷污了大师之名。

《驳建筑论》的作者嘲笑我所做的一切都是在抄袭德科尔德穆瓦先生，说他是我的创意之父。我在序言中所说的和我对他的引述都表明，我希望读者了解我为何引用他的著作而不是别人的。所有人的作品我无一漏过，而他《建筑论》中的理论是谁也没有的。读他的书对我有很大启发。可即便我从中受益匪浅，我也绝不是对他亦步亦趋。从对我的攻击不难看出，我的罪行绝不是对德科尔德穆瓦先生的盲目追逐。

我的批评家每每都要提及我的好恶和疏忽。我尽力去理解他的著作，却看不出其中的意思。他最关注的一个问题是我向壁柱和拱券发起的战争。而对我的攻势表示不解的人不只他一个。拉贝·勒布朗先生（M.l'Abbé le Blanc）在他翔实的《论绘画》（Observation sur les tableaux）中对我的赞誉实在令人受宠若惊，而他也指责了我对这种优美装饰的偏见。还有很多人认为我的观点过于偏激。这种抱怨完全在我意料之中，是积习和成见让人们无法接受正确的事物。不过，只要从我建立的原则出发，谁都会得出壁柱和拱券不合理的结论。因此，要驳斥我就必须针对这些原则。

《驳建筑论》的作者守着壁柱不放，却没有一字一句来证明它的合理性。为了批评我认为自然之中没有正方形的观点，他举出了化石和采石场石料的例子。这让我无话可说，他根本没懂我的意思。他的大部分言辞都是这样不知所云，真是令人恼火。他也赞成避免出现独立的壁柱，但缺乏坚实的理论依据，除非使用我建立的原则。可若是不应出现独立的壁柱，那为什么壁柱就是合理的？这些自相矛盾的地方着实令人费解。

有人认为，这种做法的悠久历史和普遍流行可以证明壁柱的优点。可若用它作为依据，那什么都可以是合理的。难道哥特建筑的怪异装饰因为在欧洲存在了数百年就不应受到批评么？难道卡瓦列雷·博罗米尼（Cavaliere Borromini）的矫揉造作因为全罗马都认可并沿用至今就可以容忍么？艺术要获得成功，就不能不建立在正确的原则上，否则就只是想入非非。

　　艺术家若是随兴而为就只需创作千奇百怪的东西。不论有多少批评，他都会说那效果很好，并找到一千个这样说的人。不管人们怎样反对这个观点，又用既定的原则去说服他，他都会质疑这些原则的合理性，说那是循规蹈矩的人为规定。只有一种办法能检验这位创新家，那就是用确定的原则让他看到自己是在异想天开。

　　因此，这位钟情于壁柱的建筑师应该先建立一个清晰的原则，再用它来证明壁柱的合理性。我想，聪明的读者在我的《建筑论》中已经看到，这就是我论证的方法。我所谓的美、变通和谬误都是从举世公认的明确原则推导出来的。我的对手若只是纠缠在积习、经验和熟练的技工上，就不可能战胜我。他的学生若是问他其中的理由，就一定会很难堪。"您对独立壁柱口诛笔伐，却接受了壁柱。两者之间为什么会是这样？您说是传统——可有多少传统不过是恶习？是经验——可那有多少次被证明是错的？是常规——可这又带来了多少怪异之物？"若不用骗子的鬼把戏怎么能为自己开脱？我告诉你，你必须相信我，不这么说的人就是白痴。艺术的进步不能停留在对前人的模仿上。批评对于艺术是完全必要的，但它只能建立在合理的原则上，而不是既成的事物。

　　令我惊讶的是，一位建筑师会把壁柱作为装饰。这真是无稽之谈。他不知道所谓的装饰是存在与否都不会影响建筑柱式的东西么？凹槽或其他部位的各种雕刻装饰都是名副其实的装饰，因为有没有它们都不会改变柱式的本质。壁柱也是这样么？难道它不是与楣部浑然一体的柱式么？去掉它不会破坏整体的构图么？况且，壁柱本来就不该取代柱式，它不过是一种很不准确的再现。壁柱只是为节省柱子的开支才做的，同时保留了它基本的内容，但这样错误的模仿根本不能成为取代优美圆柱的托词。所有用壁柱的地方都应该用圆柱，所有不能用圆柱的地方就干脆不要用柱式。

　　我要向世人证明一个我坚信的真理：柱式的各个部分就是建筑的一部分。因此它们就不该只是装饰，而是建筑的组成部分。建筑的存在必须依靠各部分组成的整体，去掉任何一个部分都会使其倒塌。只要将这个清晰合理的原则铭记在心，就很容易看到相反的做法是怎样的可笑。如此一来，这些附着的建筑上的壁柱和楣部就不再是建筑的本体。即便用錾子打破建筑的整个表层，失去的也不过是装饰。相反，支撑楣部的独立柱绝不会让人怀疑它所展示的建筑形象，因为它会让人们觉得缺少了任何一部分都会给建筑造成破坏。

　　一切赞成螺旋柱、龛和壁柱的言论都是毫无根据的，而这只需用我的原则再次进行缜密的考查就可以证明。有人说苏比斯公馆的门廊没有基座，但我亲眼看到了，而那真是一种罪行。由此似乎可以得出一个冠冕堂皇的结论：我不懂台座和基座之间的区别。要谴责我的这种无知真的就不再是幽默了。在这一点上，我是一个规矩的奴仆，只有看到底座、座身（die）和出涩时才会认出基座来。我承认自己还没有搞清这个术语。和很多人一样，我把没有出涩和底座的方形台座称为基座，尤其是当它在另一个真台座上的时候。

既然《驳建筑论》的作者不能靠正确的推理否定我的理论，他就用自己更为熟悉的实际问题攻击我。这种争论在我看来是他唯一有意义的话。对此我将给出满意的回答。首先是由一道额枋隔开的两层柱子。他对此有两个意见：一是额枋的厚度不足，拱段就无法稳固。二是上层的柱础会突出额枋，形成可怕的错位。

我很高兴这位批评家提出了这些问题，让我能深化自己的设想。我说过首层的门廊是需要栏杆的支撑。这位希望指出我错误的建筑师不应忘记这一点。所以，在重叠两层柱式时，我总会把上层柱子放在与栏杆高度相符的台座上，就像凡尔赛宫礼拜堂的开间那样。这样一来，所有的缺点都被克服了。就算一道额枋的厚度真的不能赋予拱背所需的宽度和强度，新增的栏杆加强了柱间的联结，从而保证了它的坚固。眼睛也不会因为看到柱间单薄的额枋而感到不适，同时避免了下层柱头、额枋和上层柱础之间的混乱。

最后就剩下突出额枋的柱础和台座的错位问题了。两种方法可以纠正这个错误：（1）上层柱子的模数要比下层的小；（2）为额枋增加线脚，弱化突出的效果。我虽提出了这些建议，可我的对手觉得它的轮廓不好看。我们应该看看他的批评是不是真的有道理。假如确实如他所说，那只需要做一个更好的轮廓。为了克服这些困难应该寻找更多的方法，只有在证明不得不使用完整的楣部时才这样做。那么，这种缺憾就会成为一种情有可原的变通，因为有实际的需要。但时至今日这种需要都没有被证实。

我的对手仔细研究了我的新教堂方案。这也是他唯一明确的地方，而且没有恶语伤人。他指责我的设计不够坚固，并详细地作了解释，让我感到应该与他展开讨论。

他提到的第一个问题是，柱子只立在十字部的四角上，而这在视觉上与拱顶的厚重不协调。这个问题我是清楚的，下面就是我改进的方法。在十字部的四角建造四个束柱的意义在于支撑四个巨大的横肋，横肋之上是帆拱。每个束柱都有四根布置成方形的柱子，也就是在角柱上再加三根柱子。这样就能提供支撑拱顶所需的力量，而不致破坏建筑的体系。

一种反对意见认为，十字部的拱顶是不可能长久的，因为那里无法做出飞扶壁。为什么不能在绕过十字部的侧廊墙壁上做飞扶壁？这道墙可以从外侧用巨大的墩柱加固，然后就可以支撑拱顶所需的飞扶壁。此外还有不合理的比例。那么，我教堂的比例应该是这样的。

我将主拱顶的高度控制在宽度的两倍半。在立面上，一份宽度给首层柱式，另一份给二层柱式。余下的半份宽度做半圆形拱顶。从这些大比例出发，我将得出更详细的比例。根据柱式的高度，我就能确定柱子的模数。一旦模数确定，一切就都容易了。与立面一样，侧廊和中殿也是两倍半的宽度。这样柱间距就不会有任何不确定的地方。若是问我为何将高度定为宽度的两倍半，那我的回答是这个高度是最雄伟的。在这一点上，我只有这条经验。或许有朝一日，我能通过学习和钻研为比例的科学建立更理性可靠的原则。

关于这个问题，直到今天我们还是在靠偶然的发现。最近有个作品以盛大的雕刻出名，为艺术的这一领域带来了光明。这位作者用很大的篇幅证明了比例的必要性，而这是无人质疑的。但在他应该准确告诉我们这些比例时，却拿出了前人武断的东西，甚至还武断地以音乐的和谐为法则。不管怎样，用我的方法，只要有了高度，其他就都能通过计算确定下来。其中绝无武断之处。从这第一个比例出发，就会准确地得出所有的。

对于侧廊的天顶画，只要记住我布置第二层柱式的方法就能做出卢浮宫柱廊那样的空灵（en creux）效果。如果实在有困难，只需把它做平，就像圣叙尔皮斯教堂的大十字架屏那样。《驳建筑论》的作者有关于它的详细论述。要是他总能像这样言之有物，很多事情早就清楚了，只是他所做的让一切更加混乱。

他指出我的方案中侧廊的宽度不足。的确，它们只能与柱间距相等，而不能过宽。若确实需要空间，就可以环绕中殿和乐池建造双重侧廊，但十字部不要这么做，那里不需要这么大。我的批评家坚持认为，没有阁楼的筒拱会因为楣部的突起显得奇怪。我对这种揣测表示质疑。即使我十分清楚罗马圣彼得大教堂的拱顶不是从楣部出挑的，我还是相信不带阁楼的拱顶非常适合我的方案，而楣部的出挑也不会那么夸张。不过，要是有人觉得它的中心应该略高于檐口也是无可厚非的。

还有一种担心认为，这个拱顶的采光会不足。假如把二层的窗户直接放在礼拜堂的入口上方，那是的确如此。但我将其放在了中殿的柱间里。我提出将礼拜堂的外墙加高一层以挡住难看的飞扶壁只是从外观考虑的。我希望在这道墙与中殿之间留出空间，好把扶壁和侧廊以及礼拜堂的小屋顶放在里面。这道墙的顶部是栏杆，上层的窗户要与下层一样多。虽然窗户会过多，但却是外装饰和中殿采

(margin page numbers) xxv, xxvi, xxvii, xxviii, xxix

光所需的。

接下来要回应对我立面的批评。不过，我上面的文字足以回答主要的问题了。当我的对手指责我让艺术家自由驰骋、发挥想象力时，我不得不回到一贯的表达上：他要么没有理解我的艺术，要么就不想理解我。

以上就是我在他书中找到的唯一有意义的批评。最好他能一直这样实事求是，不要虚张声势而是解决问题。那样他的书才会更有用也更有趣。他不厌其烦地用一百种方式说我愚昧无知、毫无情趣，其实根本没有必要。无疑他是害怕大众不会像他那样看待我的无畏，并希望让他们加入这一讨论，可惜他们根本不会。我

要在这里向他和所有想讨伐我的同行宣布，我很乐意面对批评，但绝不是侮辱。倘若他们诚挚地讨论这个问题，并懂得礼貌，那我一定会虚心向他们讨教，并对他们的观点表示真诚的尊重。

在这新增的一版中，我还有两件事。首先是大多数读者需要的术语表。我已经按照字母顺序把它们都列了出来，此外还补充了一些图版帮助理解。书中各处还增加了说明。有的是为了回答提出的问题，有的是澄清之前的内容。衷心感谢

大家的关注，希望这一版能比前版更受欢迎。

前　言

关于建筑的专著已有不少。有的详细说明了尺寸和比例，有的解释了不同的
柱式，还有的阐述了各种建筑的装饰方法。但还没有一部能确立建筑的原则，解
释其真正的精髓，制定培养天赋和高格调的法则。在我看来，对于那些不属于纯
粹技术的艺术就不能只是知其然，而最重要的是学会思考。艺术家应该能为自己
的一切创造作出解释，因此他就需要确定的原则来支持和证明自己的选择。不是
凭直觉，而是以美之道去判别良莠。

几乎所有的人文艺术都建立了发达的知识体系。众多才华横溢的人在努力提
高人们的审美。他们以超凡的禀赋在诗歌、绘画和音乐的领域进行创作。这些艺
术在精益求精地不懈探索之下几乎已无秘密可言。准确的法则和缜密的批评使它
们日臻完美。想象力可以在正确的大道上飞驰，即便偏离了方向也有护栏让人不
致越轨。有了它，我们就可以一眼看出天才的杰作与谬误的混乱。若是没有好的
诗人、画家或音乐家，那一定不是理论的问题，而要归咎于个人的才华。

时至今日，唯有建筑还被艺术家的狂想所困，千奇百怪的理论层出不穷。他
们不分青红皂白，仅凭对古代建筑的观察就随意制定法则。谬误和真美同被奉为
圭臬，而没有供人辨别的原则。这些亦步亦趋的学徒认为一切存在的实例都是合
理的。他们总是把自己的研究圈在现实上，并从中归纳出错误的规律。所以，他
们的学说根本就是万误之源。

维特鲁威（Vitruve）其实只是将他那时的做法传授给了我们。尽管乍现的灵
光证明了他能触及这门艺术的真谛，但这层面纱并没有被揭开。对于深邃的理论，
他总是避而不谈，却将我们带上实践的道路，让人不止一次误入歧途。除了德科
尔德穆瓦先生（M.de　Cordemoi）以外，今天所有的人都不过是在给维特鲁威做
脚注，并不假思索地追随他的错误。我之所以说德科尔德穆瓦先生是例外，因为
他远远胜过其他人，只有他洞悉了不为人知的真理。他对建筑的论述简明扼要又
入木三分，其中包括了准确的原则和周密的考量。若是他能再向前一步，从中得

出正确的结论，就可以让这门艺术拨云见日，一破杂乱无章的混局。

愿有伟人能树顶天立地之法，让建筑重归正道。所有艺术与科学都有明确的目标，但并不是每条路都能顺利地实现它。只有一条是直通真理的，这条康庄大道就是我们必须找到的。世间万物成就完美之路绝无它途。没有清晰的理论和永恒的法则作为表现的指导，艺术又是什么呢？

在有高人把建筑带出混乱的棘丛，将一切法则澄清之前，我会尽一己之力拨开迷雾。每每目睹那最雄伟壮丽的建筑，我的灵魂就无法平静。这令人倾倒的魅力让喜悦中充满狂热。而有的时候，我的心就不会如此澎湃。虽不致欣喜若狂，却也由衷欣赏。但更多的建筑让我无动于衷，甚至是深恶痛绝。对于这种种不同的反应我一直在思考。无数次的自问之后，我发现同样的建筑总是给我同样的印象，而这并不只是我一个人。在让别人看了同样的建筑之后，我发现所有的人都会有相似的感受，而这就在于自然赋予建筑的不同品格。由此我可以得出结论：（1）绝对的美是建筑独立于人的思维习惯和偏见的内在特征；（2）建筑的设计与所有的创作一样，既可以杂乱无趣，也可以优美得体；（3）与其他艺术一样，建筑也需要天赐的才华，而这种天才也必须受到法则的约束。

我反复体会不同建筑给我带来的感受，试图挖掘到其中的原因。我扪心自问，想知道为何有的建筑让我兴奋，有的让我喜悦，有的却不忍直视。一开始，这种探求以迷茫告终。但我毫不气馁，要到心底一探究竟；在没有找到满意的结果前一刻也不忘追问自己的灵魂。忽然间，一道明光照亮了我的双眼，在迷雾之中看出了真形。我要把握这真物，是它的光驱散了我心中的困惑与不解。终于，我可以依靠原则与推理向自己证明这一切的必然。

这就是我自觉的求索之路。在我看来，必须要向世人分享我用艰辛换来的成功。倘若我能让读者相信我没有欺骗他们，并直言不讳地批评我，甚至也向自己的内心深处求索，那么建筑就会有长足的进步。我最真诚的愿望是让大众，特别是艺术家，去怀疑、去推测，而绝不自满。若他们能在我的激励下走上自己的探索之路，并指出我的不足、纠正我的错误、改进我的理论，那就再好不过了。

在这本书中，我仅仅是指明了方向，开辟了道路。实施这些原则的重任就交给那些智慧胜过我的人吧。关于建筑师的工作法则和走向完美的道路，我就说这么多。我已经尽己所能表述清晰。我往往无法避免使用艺术的术语，但它们都已是世人熟知的，而且有字典解释其中的含义。既然我的主要目的是培养建筑师的鉴赏力，其他已有专著的内容就不再赘述。为了让本书更易懂，我在新一版中加了很多图版，足以让读者理解文字所不能直观展示的各种形象。

xxxviii

xxxix

xl

xli

xlii

xliii

xliv

绪　论

　　在所有的实用艺术中，建筑所需的天赋最为出众、知识最为广博。或许 1
成就一位伟大的建筑师所需的天才、灵性和高雅格调毫不亚于一流的画家或
诗人。如果以为建筑只需要力学就大错特错了。它绝不只是挖挖基础、垒垒墙，
也绝不是凭经验，靠双眼看铅垂、双手拿泥刀就能做成的。 2

　　当论及建筑的艺术，人们的印象就是大大小小石块、奇形怪状的材料、
不堪入耳的锤击声、岌岌可危的脚手架和可怕的机械碾磨声，还有一大群蓬
头垢面的工人。然而，这门沾满泥土的艺术有着不可思议的奥秘，而真正能
触及其精髓并为之倾倒的人少之又少。建筑中大胆的创造是旷世奇才的证明，
严谨的比例是精益求精的标志，而精致的装饰给人赏心悦目的感受。谁若是
领会了美的真谛，就不会将建筑与其他艺术相提并论，而是把它尊为至高无
上的科学。建筑宛如艺术品，它所带来的愉悦是无法抗拒的。我们的心中会
因建筑生起高贵而动人的情怀，就像伟大的艺术品那样给人们带来享受与陶
醉。美的建筑让建筑师美名远扬。若单从著作来看，佩罗先生（M.Perrault） 3
最多是一位学者；而真正证明他杰出的是卢浮宫的柱廊。

　　建筑的一切完美都要归于希腊人，一个对科学无所不知又能将艺术融入
一切创造的伟大民族。罗马人崇拜并模仿了希腊人留给他们的杰作，并希望
加上自己的创造。但他们最终不过是向世界证明了在达到完美之后就只有模
仿或者退步。随后几个世纪的蛮荒将美术掩埋在唯一保留着高雅格调与原则
的帝国废墟之下，继而建立了新的建筑体系。混乱的比例和幼稚的装饰堆砌
出来的不过是畸形的石雕。而这种新建筑竟一直在欧洲为人称道。令人痛心
的是，我们的大多数教堂都注定要让这种风格流传下去。不过，我们要承认，
尽管错误百出，这种建筑还是有它的美。这种壮观的建筑表现出的是一种震
撼人心的粗陋与笨重，我们不得不赞叹那醒目的轮廓、细腻的斧琢与奔放的 4
雄伟。正是这些特征赋予了它无可比拟的豪气。所幸后来有天才在古迹中找
到了真理，成为波涛间的中流砥柱。多少世纪都不为人知的奇迹被他们发现，
其优美比例和工艺遂被奉为圭臬。经过全面的考察与试验，精准的法则得以
复兴，而建筑也重归古时的崇高地位。哥特式与阿拉伯风格的怪诞装饰被抛
弃，取而代之的是雄健而优美的多立克、爱奥尼与科林斯装饰。不擅创造而
长于借鉴的法国人对意大利复兴希腊的杰出创造可谓望其项背。身边无数的
古迹表明我们的前人在努力赶超，并获得了成功。我们有自己的伯拉孟特

5 (Bramante)、米开朗琪罗（Michel-Ange）和维尼奥拉（Vignole）。过去的一个世纪的建筑杰作更无愧于这个最伟大的时代，因为自然几乎将一切才华都赐予了我们。然而就在我们走近完美的那一刻，又退回到了错误的低俗上，仿佛我们还未摆脱愚昧一般。彻底的堕落威胁着我们的一切。

这种危险正日益临近，但并非无可救药。对于这毕生挚爱的艺术，我必须将自己的思考献给世人。在这里，我全无指点江山的野心，那是我所厌恶的；我也没有标新立异的欲望，那在我看来是毫无用途的。我心中满怀对艺术家的敬意，他们是以真才实学闻名于世的。我只是让他们了解我的想法和困惑，

6 并恳请他们不吝赐教。如果我谴责了某些在建筑师中流行的传统做法，也没有奢望他们认可我的个人意见，而是心悦诚服地接受他们理智的批评。我唯一的愿望是让他们摒弃偏见，不论它有多么流行，终归对艺术的进步是有害的。

请不要说，因为我不是专业的建筑师，就不能有真知灼见。这无疑是最小的问题，就算不会写字也是可以欣赏悲剧的。任何人都可以掌握其中的法则，但只有少数人能付诸实施。谁也不能用值得尊敬而又不是尽善尽美的权威来压倒我，因为用既成之物判断应做之物会毁掉一切。智者千虑必有一失——把大师的作品都尊为典范难免会出错。谁也不应用幻想出来的难题阻碍我的

7 推理。无知带来问题，理性克服困难。我深信，真心希望让自己的艺术走向完美的建筑师会感激我的善意。他们会在本书中发现前所未见的思想，若是觉得合理便可随意采纳。这就是我的全部要求。看到一位外人之手擎真理的火炬深入无人的秘境是多么悲哀。可竟有人出于厌恶而拒绝光明，盲目地蔑视一位在它途尽绝之后仍勇敢地探索真理之路的外行，极力阻挠这样的人成功，生怕之后遭到更无情的批评。这就是无才无德的艺术家。

第一章　建筑的一般原则

建筑与一切艺术都是共通的：其原则以纯粹的自然为基础，自然的规律也昭示出其法则。让我们看看一个除天性之外毫无知识、最原朴的人。他需要一个栖身之地。在一条宁静的小溪旁，他发现了一块草地；那葱郁与柔嫩让他赏心悦目。他不由自主地躺在这块闪耀着点点绿光的地毯上，心中空无一物，一无所求，尽享自然的恩赐。然而，焦灼的阳光让他很快意识到荫蔽的需要。旁边的一片森林正是阴凉所在，他随即跑入深处，安身于此。尔后雾气升腾，翻滚着积聚着，直至遮天蔽日，大雨滂沱，林中不复安宁。这位栖于叶丛中的原始人对弥漫的湿气不知所措，只得爬到附近的一处洞窟中，并为自己找到了干燥的所在而欣喜。可是，昏暗的光线与污浊的空气很快又让他坐立不安。他走出洞窟，决意要用自己的心智改变自然的无情。他要给自己一处居所，既无风雨之患，又可见天日。林中的断枝正合此意，他从中拣出四根最粗壮的，立在地上成为一个方形。再用四根搭在其上，然后从两侧相对支起一排树枝，并让它们在最高点相接。接下来他把树叶满铺在顶上，让阳光和雨水都不能透过。这样，他就有了居所。可想而知，这个四面开敞的居所会让他因冷热感到不适，很快他又填上了两柱之间的空间，得以安心。

这就是纯粹的自然之道，艺术乃循它而生。古往今来一切雄伟的建筑皆出于我所述之原朴小屋。唯有从这一原型的纯粹出发才能避免基本的错误，以臻完美。立起的树枝即柱的概念，平置其上的是楣，作顶的斜枝是山花。这是所有艺术家公认的，并请牢记：此乃一切法则之源。由此即可区分建筑柱式的基本构成要素与因需或随兴而添之物。基本要素产生美，因需之物产生变通，随兴之物产生谬误。这其中深意我将尽力阐明。

请一定不要忘记我们的原朴小屋。我所见的只有柱、楣部和在两端形成山花的尖顶。这时还没有拱顶，更不要说券、基座、阁楼，甚至连门窗都没有。由此我可以得出结论：在建筑柱式中，只有柱、楣部和山花是其基本构成要素。只要它们有合理的形式，并以合理的方式组置，便无须它物，即达完美。法国尚存一处优美的古迹，即尼姆的卡雷宫（Maison-Quarrée）。[①] 无论是行家与否，人人都赞赏它的美。为何？因为它的一切都遵循建筑的真原则：有

---

① 卡雷宫（Maison-Quarrée）亦叫方形神殿，是位于法国南部尼姆的一座古代建筑，是保存状态最为良好的古罗马时期神殿建筑之一，建于公元前16年，4世纪成为基督教教堂，1823年成为美术馆。——中译注

30 根柱子支撑着楣部和屋顶的长方形，两端各有山花——足矣。这种构成的纯粹与高贵会打动每一个人。

《驳建筑论》（Examen）[①]的作者反对我在建筑各部与原朴小屋之间建立的一一对应关系。他应该提供证伪的依据，否则这种关系就是成立的。而作为我和所有艺术家的共识，下文所建立的法则将无懈可击。它们都是这一基本原则的必然推论。若要驳斥我，就必须证明这一原则是错误的，或者它的推论不成立——非此两点不可。狡辩甚至侮蔑更无济于事。明智的人必将回到这个问题上：是原则有误，还是推论？在建筑与原屋的既定关系上唯一可说的，就是我们应当让这个简陋的创造得以发展。的确，我们已远离原朴小屋，将豪华的装饰错误地投放于这种原朴的构造之上，但基本的要素必须保留——即自然赐予我们的原型。艺术只能利用元素进行装饰和润色，而绝不能越过原型的本质。

现在让我们仔细考查建筑法式中的基本要素。

第一节　柱

（1）柱必须绝对竖直，因为它要承担全部荷载，而绝对竖直的强度最大。（2）柱必须独立，以便自然地展现它的起源和作用。（3）柱必须是圆的，因为方不是自然的创造。（4）柱必须自下而上有收分，这模仿的是自然中一切植物的形态。（5）柱必须直接立于地板上，就像原屋的树枝立在地面上那样。所有这些法则都源自我们的原型；因此任何与此原型不符、又非出于实际需要的做法都是谬误。

谬误 1：柱不独立，而是靠墙。即便是最小的遮挡也会破坏柱的轮廓，使它丧失美感。我承认，很多情况下是无法使用独立柱的。人们希望住在封闭的空间里，而不是敞厅。所以就需要填上柱间的空间，从而形成了倚柱。在这种情况下，倚柱就不是谬误，而是因需的变通。不过一定要记住，变通必然破坏完美，所以只有在别无他法时才可谨慎使用。如果不得不使用倚柱，倚靠的程度就要尽可能少——至多四分之一。这样即使有限制条件，柱依然可以保留赋予其美的自立特征。但我们仍必须避免陷入使用倚柱的境地。柱最好是用在列柱廊上，让它们完全独立；而在需要让它们靠墙时，则彻底放弃用柱。尽管我们要注重得体，但为什么不让柱独立，去欣赏它的全貌？圣热尔韦教堂（S.Gervais）的多立克柱如果和上层的柱式一样是独立的，立面不会大为改观么？这有什么不可能的么？为这个谬误正名的建筑师推出了这样的辩论：中门上方的额枋看起来不足以支撑楣部及顶部的山花。可他没有意识到，自己避免了一种不规则的造型，却带来了两个更糟糕的。如果一个

---

① 　Examen d' un essai sur l' architecture, Paris, 1753.

完整的楣部无法被额枋撑起，那它还有必要么？他是不是还要我们认为一层的山花也是符合法则的？一层的柱式若是独立的，上层的柱式就可以有一切必要的收分——因为它们的模数更小、重量更轻。

敢于批判被公众认为是无瑕之作的人是不惧众议的。既然指出了这座建筑的缺陷，我就有权批判任何其他建筑，而不致伤害任何人的自尊。这就是我直言不讳的原因。听了我的话再看那些贬低圣安托万（S. Antoine）街上耶稣会教堂的鉴赏家就不会那么惊奇。不考虑其他的各种谬误，三柱式的倚柱形式最不可接受。德科尔德穆瓦先生（M. de Cordemoi）一针见血：这不过就是浮雕的建筑，开蒙者的眼光是绝对不会接受的。我常常为使用倚柱的建筑师的疯狂痛心疾首，而我也不相信有理智的人会想到把两个柱子连在一起。这是令人愤慨、无以复加的谬误！即使是初学建筑之人也看得出来，而这种谬误在卢浮宫的内院四壁上却反复出现。如此雄伟的杰作却有如此刺眼的败笔，乃是人类灵魂的堕落！

谬误2：不用圆柱，而是壁柱。壁柱不过是简陋的柱子。它的转角透露出对艺术的束缚，与自然的纯粹格格不入。它尖锐的边缘刺痛着双眼，非圆的表面让整个柱式有如平板。赋予柱子魅力的收分在这里更无从表现。壁柱一无是处！不论用在哪里，圆柱都胜过它。因此只能认为它是一种诡异的创作，与自然全无干系，又非因需而成——只有愚昧会接受它，只有懒惰会纵容它。壁柱已泛滥成灾：天啊！哪里都有它！不过，要知道它有多么鄙陋，只需想象一下圆柱的壮丽以及壁柱对这种效果的破坏。若是把卢浮宫柱廊的双柱换成壁柱，那它的美就会荡然无存。这个无与伦比的立面上的两翼楼和两角上的飞阁简直是天壤之别！就连侍从和女佣都想知道为何飞阁与众不同。这种困惑源于对真美的感受，而这是世人皆有的本性。虽然整个立面上都是同一种建筑柱式，但主体用柱，飞阁用壁柱。仅此一点就足以破坏一个和谐的整体能给人带来的愉悦。用艺术的多样性来证明飞阁的奇怪装饰是毫无意义的。毋庸置疑，人一定会追求多变的效果，但不能背离自然的法则。否则，痴迷于多变的艺术家就会用卵形柱或棱柱代替圆柱，甚至是五边形、六边形或八边形的柱子！那样一来，怪诞就会突破一切规矩。而说无法将门廊的立面与沿河立面统一起来就更没有道理了。只有弱化二层的壁柱才能创造出更好的形象。

每个人步入凡尔赛宫礼拜堂的中殿，都会对列柱的美及其深远的效果叹为观止。然而走进后堂，无人不为破坏了列柱之美的愚蠢壁柱而叹息。因此，我们可以断定壁柱是对建筑的一种亵渎，而它的形式也绝不只有一种：转角处带凹槽的壁柱、圆形建筑中的曲面壁柱，以及在混乱的空间交错中若隐若现的壁柱。壁柱这种无聊装饰还有很多奇怪的用法，有的还与柱子合成一体。世上还有比这更荒唐的组合么？独立柱之后的倚柱有什么意义？说实话，我不知道谁能解释，也藐视任何解释。把两个毫无关系的东西拼凑在一起真是

16

17

18

19

无稽之谈。柱有收分，而壁柱没有。这就是为什么壁柱总是看起来下窄上宽。
有空挡就用壁柱去填。一有瑕疵要遮盖或是粉饰，就把柱削去一半或四分之
20　一形成壁柱。古人在这一点上也没有在意，有时甚至比今人更随兴。他们建
造的柱廊也混杂着柱和壁柱。总之，壁柱是我无法容忍的。它是天生的怪物。
我越是研究建筑，就越发现它的真原则证明了我的观点。

　　另外，在这一点上完全不是以我个人的喜好为准的。说我是因个人好恶
而否定壁柱是很不公平的。我已给出充足的理由证明了我的判断。

　　还有人提出壁柱可以降低成本。对此我要说：如果是出于经济的考虑而
不用圆柱，那干脆就不要用五柱式了。没有它们也能创造出优美的建筑。但
要是用五柱式，我就绝不会容忍砍去它最重要的部分。

　　谬误3：让柱身在柱高的三分之一处鼓起，而不用常规的收分。我不相信
自然中有什么可以作为它的依据。所幸古代艺术家在很久以前就放弃了纺锤
21　形柱，因此在最近的作品上是看不到它们的。糙石柱的错误不亚于纺锤形柱。
菲利贝尔·德洛尔姆（Philibert de l'Orme）对糙石柱偏爱有加，还用它们
来装饰杜伊勒里宫（Palais des Tuileries）。然而，他的鉴赏力和地位也不足
以为这种做法正名。这位杰出的建筑大师无愧于世人的赞赏，并将永远被后
人铭记，是他让法国的伟大艺术得以复兴。但是，他的作品仍有一丝前世的
遗臭。糙石柱不过是一段迷乱的梦呓。我们看不到完整的柱，而是各种奇形
怪状的鼓座堆砌在一起，造成一种粗鄙至极的效果。华丽的卢森堡宫（Palais
22　de Luxembourg）就是被这种糙石柱搞得面目全非。螺旋柱则更糟。不管是
谁想到了它，那个人确实很有才华，因为这需要相当的水平才能实现。可是，
假如他有明智的判断，就不会费力把这个幻想变成现实。螺旋柱对于建筑而言，
就是瘸子的罗圈腿对于人体。一开始，这种奇异的造型会让厌恶自然的人眼
前一亮，他们觉得好看就是因为它不易制作。有些更怪癖的人，竟然把三分
之二的螺旋状放在直柱之上。还有的人，虽有同样的趣味却被现实所困，结
果扭曲了直柱上的凹槽。这些荒诞的做法大多出现在祭坛上。我欣赏罗马圣
彼得大教堂（S.Pierre de Roma）、恩典谷教堂（Val-de-Grace）和荣军院
（Invalides）的华盖，但我也要痛斥它的设计者，因为他用了螺旋柱。不要让
伪造的珠宝迷住我们的双眼，那是天才的败笔。尊重纯粹与自然吧，这才是
真美之道。

23　　对此有人说，在不需要厚重感的轻巧建筑上，螺旋柱非但不会破坏和谐，
而是作为"最令人愉悦的"被欣然接受。这一观点的基础同样是多样性。可是，
多样性能为所有的幻想正名么？即使不影响厚重感，带螺旋凹槽的柱子就可
以用在轻巧的建筑上么？显然不是，因为它违背了自然。所以，我们必须回
归自然，杜绝幻想。请千万不要以为下面的证明是无懈可击的："这是公认的
做法，所以它就是好的。它虽不规则，却令人愉悦，因此要否定它就必须小

心。"一天，有人对我说："先生，您为何诋毁令我心悦之物？"我答道："先生，和您诋毁哗众取宠的闹剧是同样道理。"

谬误 4：柱不直接立在地面上，而是在基座上。如果我可以把柱比作建筑的腿，那么腿上加腿就太滑稽了。所谓的基座是一种可悲的产物。由于发现柱过短，就把它放到基座上来弥补高差。要是一个不够就再加一个，形成双基座。再没有什么能比柱子下面的这些大方块更让建筑显得笨重了。苏比斯公馆（Hôtel de Soubise）的柱廊之所以不堪入目，就是因为这些丑陋的基座。要是这些柱子拔地而起，它就会成为一座华丽的宫殿。柱可以立在一道连续的墙体上，即无底座、无出涩、高度适中的素台座。而这只应在建造柱廊时，内地板高于周围地面的情况下才使用。对此我是不会反对的，我相信这是一种成功的做法。还有的时候，柱子之间是栏杆，比如凡尔赛宫礼拜堂；或者每根柱子各立在一个小台座上，如卢浮宫柱廊。后者要稍逊一筹。甚至在一层柱廊上不加栏杆时会是一种错误。但是，在地面层的柱子下加基座是绝对的错误。几乎我们所有教堂中的祭坛都是这种令人失望的样子。虽然这里需要柱子，但要让它们的尺度大到可以直接落地的成本太高，所以基座的出现就顺理成章了。这就是圣安托万街耶稣会教堂的主祭坛立在两个重叠基座上的原因。这令人惊骇的作品我只提一次。对它能说的就是，建筑师能犯下的错误在这里一应俱全。反对的意见认为，让柱子落地并与祭桌成为一体是很可笑的。可是，我从未表示要用假柱作祭坛装饰。假如这样的装饰真有必要，那么我想用落地柱支起一个半穹顶。半穹顶的楣部之上是小圆亭，之下正中是独立的祭坛。这样的效果要胜于把柱子立在基座上，因为那样会使祭桌像一个孤零零的柱基。总之，基座只适合雕像，除此之外用在哪里都很糟。不论怎样强调历史上对基座的认可，不论维特鲁威以及他的追随者给每种柱式设计了怎样的基座，不论最伟大的古迹上有怎样的基座，我都永远不会放弃我的原则！任何手法，即使得到了大师的首肯，只要违背了自然或无法证明是合理的，就是错误的，必须废止。

《驳建筑论》的作者是反对这一原则的。他提出：我们不应过于接近自然，并因此失去已成立的不规则性可以带给我们的享受。"让我们不要成为原型的奴隶，"他说，"我们不要在它和我们的创造之间限定一个严格的对应关系，时间与延续至今的传统就是它的证明。"这就是说，时间让不规则的东西变成合理的。古人可以在谬误初现之时进行批判，而我们却不能，因为它们已得到时间和传统的认可。这种用传统来进行论证的思维方式在我看来就是无知和懒惰的艺术家的狡辩，它严重阻碍了艺术的进步与普及。我坚信，生为谬误者永为谬误，成为传统也不能改变。就理性和格调而言，被否定者永被否定。在这一分野中，优与劣二者的本质是永恒的。时间和延续的传统既不能改变也无法摧毁它们。若要为艺术制定一个主观的法则，那么传统是可以的。但是，艺术的进步若要回归到不变的原则上，那就要将理性置于传统之上，让启蒙之光照耀在陈腐的泥淖之上。

29

第二节　楣部

楣是原屋中出现的第二部分。水平置于立柱之上以形成天花的木构件即今天的楣部。从这一原型出发可以得到如下结论：（1）楣部必须同简支过梁一样置于柱上。（2）楣部通长都不能有任何尖角或突起。由此可以对以下谬误作出批判：

谬误1：楣部不是以独立支撑柱和梁的形式，而是由大跨拱券支撑——这在教堂等建筑上很常见。拱券是错误的：（1）因为它需要厚重的墩座，使整体形象变得沉重。同时会影响柱子之间的过道，失去了美的主要意义。
30　（2）这些墩座又让我们回到了壁柱及其缺陷上。墩座带来的是方形、尖角和转角，即背离自然的形式，犹如桎梏一般。它的形象绝没有圆柱的优雅与无瑕。（3）此处的拱券是与自然相左的。拱券带来拱顶。拱顶需要支撑，却无法支撑其他构件。而在这里，它除了支撑楣部还有什么用？若这也不是它的用途，那它还有什么用呢？（4）拱券的侧推力让柱子需要侧向支撑，而这又不是自然的，因为柱只有竖向支撑。因此，拱券毫无疑问是有缺陷的。

让我再进一步：拱券是毫无用途的。由柱支撑的楣部沿过梁方向延伸是不需要拱券的支撑的。我知道，过梁的跨度过大时是无法承受的，因为支柱的间距太大。然而，让额枋的跨度大到触目惊心的程度有什么必要？为何不用柱？明智地增加柱的数量一定会带来理想的效果。建筑师很清楚柱间距不
31　影响建筑坚固的最大限度。古人给我们留下了这方面宝贵的经验，今人则发现了获得更大空间的秘密：他们天才地创造了双柱，这是古人未曾想到的。为何要冒险越过它，用沉重与厚实取代轻巧与优雅？要是还说平直的额枋不能表达坚固，那就来看看卢浮宫和凡尔赛宫礼拜堂的列柱廊吧。这是最具说服力的两个例子。我们不需要鉴赏家的眼光就能品味这两座建筑——雄壮而精致，优雅又不失坚固。它们的美能打动每个人，因为这是自然的、真确的。令人惊讶的是，即使这些典范就在眼前，我们的建筑师还总是落入拱廊的窠臼。

看起来他们是无法自拔了。我们知道他们对证明拱廊无用的论断是深恶
32　痛绝的。一个名不副实的卫道士直言不讳地说，他们都坚信拱廊比平直的楣部效果更好。我很怀疑这就是他们的观点，那些开蒙者会容忍拱廊的存在仅仅是出于坚固的需要。而这正是要仔细考察的。没有什么比避免使用令人反感的墩座和拱廊更重要的了——那其实是桥拱。不管《驳建筑论》的作者怎么说，使用柱子的可能性都是存在的。如果大量的经验不能让他走上正确的道路，那我也就不考虑他的水平了。

　　谬误 2：楣部的直线被尖角和突起打破。楣部代表的是承载屋顶的长木构件。谁会愚蠢到给楣部加上凹凸？多此一举！画蛇添足！对于突出柱头和退入柱间部分的楣部，我也是这个观点。凹凸的尖角自然会使加工更复杂，但却毫无品位、杂乱无章。一个连贯的楣部上的不规则做法只有在飞阁的转角处才有意义，在那里中断是合理的。不过依我看来，飞阁往往也是随兴而成的。我所知唯一合理的飞阁是分布在长立面上的，就像与主体建筑独立的许多小房子一样。除此之外都毫无章法。据说这一理论还没有被任何建筑师关注。如果是这样，那我很遗憾，但也完全不能说明这个理论很糟糕。 33

　　由于我刚刚提到的飞阁在大型建筑上的效果很好，就有人认为可以恣意妄为地使用。在平庸的建筑师手中，飞阁已然成为打破建筑单调的一种万能装饰。这是滥用！我总会回到主要的原则上：绝不要把没有充分依据的东西放到建筑上。很多人以为，在喜好何物的问题上不需要严密的理性，而这恰恰是所有错误中最致命的。 34

第三节　山花 35

　　建筑的最后一部分是山花。它代表着屋顶的山墙，所以只能出现在建筑的面宽上。其基本形式是三角形，位置必须在楣部之上。由此得出的结论可以批判如下谬误。

　　谬误 1：将山花放在建筑的纵深上。因为山花代表的是屋顶的山墙，它的位置就必须与所代表之物相符。不过，山墙总是在面宽上的，绝不能出现在建筑的纵深上。我们的建筑师只要稍稍考虑一下建筑的纯粹性，就不会在长立面的中间放一个不代表任何东西的假山花。他们觉得以这样的手法打破建筑的单调会让立面更吸引人，但他们也应该知道对于所有艺术而言，做表面文章是一种违背准则的罪行。有的人提出，法则规定的山花高度与我们这样多雨的气候所需的屋顶是无法统一的。这其实是很荒谬的。一位普通的石匠也不会被这种问题难住。山花也是可以不做的；但如果要做，就必须把它放在建筑的面宽上，而这很容易。那位为卢浮宫设计列柱廊的大师随意地在正中放了一个大山花，这让我痛心疾首。楣部之上的栏杆进一步证明了这个山花的错误。栏杆表明建筑为平屋顶，而这就意味着所有与坡屋顶有关的元素都是错的。而《驳建筑论》的作者又在为这个山花正名。他在说明其合理性之后，又以我的原则证明了它是绝对必要的。说实话，这种古怪的逻辑让我一头雾水。这个山花理应被批判，因为栏杆已经表明在立面上看是没有坡屋顶的。更糟的是，这个山花又打断了栏杆，并以奇怪的方式与之相连。不过我们至少没看到某些建筑师那种可怕的错误，让栏杆爬上山花的斜坡。对于卢浮宫主厅上的一长串山花，我又能说什么呢？德国风格屋顶的低级复制品！ 36 37

在我看来，只有教堂立面上的山花是可以接受的。那才是它应该出现的地方。其他位置都是错误的，因为陡坡屋顶已不再流行。

谬误2：山花不是三角形。屋顶一般都呈尖角，所以山花必须与其形状一丝不差。因此，曲线山花就是不自然的。断山花则更可憎，因为它代表的是半开敞的屋顶。带涡卷的山花是一切怪诞之作中最甚者。

谬误3：重叠山花。再没有比这更离谱的做法了。下方的山花代表一个屋顶，上方的山花又是一个屋顶，也就是说有上下两个屋顶。圣热尔韦教堂的立面就有这种错误，让它的美名大打折扣。不论对这座建筑有多么偏爱，我都不相信任何有理智的人会接受一上一下的双重山花。把山花放在楣部之下就更不可思议了。这种手法就好比把屋顶放在室内，把天花放在屋顶之上。可是这样的例子数不胜数！又有多少门窗上加了滑稽的山花！

38

39

第四节　多层建筑

有时需要把建筑的柱式上下重叠起来，因为建筑可能是多层的，或是单层的建筑因为"得体"或其他母题上的需要，一层柱式不够。在这种情况下，重叠的柱式就成为一种因需而生的变通。但只要遵循以下法则，它就不会受到指摘。

1. 一切体现屋顶的要素都应从下层柱式上去掉，因为建在屋顶之上是说不通的。那么，首先就是山花，以及檐托、齿饰、三陇板、檐石。这是所有艺术家公认的代表末端的各种构件。在这种地方使用它们就会违背正确的法则，是更严重的错误——因为这里完全没有必要使用它们。我还得说，下层的柱式要去除整个楣部，即所谓的楣饰和檐口，只保留一个纯粹的额枋。理由如下：檐口的出挑是为支撑悬挑的屋顶而设的，以此防止雨水冲刷墙面。所以无疑檐口是与屋顶相关的，那么它就应该只出现在最高一层。此外，檐口的出挑会打断连续性、影响和谐，而且它是由分散的部分组成的，无法形成一个整体。柱和楣部才能构成一座完整的建筑。这样，每层都做一个楣部就好比把若干座建筑重叠在一起。另一方面，如果每层都有一个素额枋，就可以为顶层留下完整的楣部。这就会形成统一性，让所有的部分构成一个和谐的整体。檐口的出挑本身就有很多不便之处。雨水留在上面，日积月累就会成灾。檐口因此会增加荷载，建筑若是不够结实，即便没有事故也会成为废墟。圣叙尔皮斯教堂（S.Sulpice）的新立面就是最好的证明。第一层柱式的多立克楣部有出挑深远的檐口，也出现了我所提到的一切问题。每层都带有完整楣部的两座塔一点也不像塔，那两道檐口打断、分割、破坏了整体。所以，在柱式重叠时，下层的柱式一定要用素额枋，以它对应天花。这就会在各层之间形成自然的分割，但实际上有大量与此相反的做法。最多可以在

40

41

上面增加一些檐口的要素，如凸圆线脚、嵌边和反曲线脚，以增加上层柱础
与下层柱头之间的距离。这位批评家质疑，在像杜伊勒里宫那样长的立面上
做素额枋有何意义，特别是在同一种柱式已经用在宫殿的扩建部和主体上的
情况下。我的回答是，建筑师带来这种难题总会令我惊讶。要是有人问我如
何装饰像杜伊勒里宫那样长的立面，我会有两个建议：一是在大尺度上处理
建筑要素，二是赋予它明显的变化，注意不要让同一个构件从头到尾都出现。
我还会想到飞阁，有的部分高些，有的部分矮些，既统一和谐又丰富多样。
如此一来，我就能成功地避免这一体系中所有不可避免的错误，并向这位愿
意认可我文采的批评家证明，不论他说什么，我都知道自己在说什么。 42

2. 厚重的柱式一定要置于轻巧的柱式下面。自然制定了这一法则，现实
也往往与此一致。遵照这一原则就可以做出两层、三层、四层甚至五层柱式。
最后一层柱式是唯一有完整楣部的地方。那里通常会加上一个额外的半层，
即所谓的阁楼。但我看不出它有任何意义。再没有哪个部位能比这层阁楼的
比例更不规则、更荒谬的了。这屋顶上突出的几个老虎窗构成了一副委屈的
样子，因为在檐口之上只有一个屋顶了。所以，顶上可怜的阁楼层只会破坏
整栋建筑的形象。凡尔赛宫花园立面之所以令人不安就是这从头到尾的阁楼
的缘故。只要把阁楼拆掉，再把栏杆直接放在檐口之上，就能达到赏心悦目
的效果。倘若有人说，这么长的立面上要是没有阁楼层，高度就不够。那我
的答复就是，只需再加一层柱式就能获得所需的高度。 43 44

3. 如果一座建筑是多层，那么有几层就需要几层柱式。若是一层柱式占
去了好几层，则其成为夹层，一种尴尬的产物。额枋本身就是天花的表达，
所以每一层都需要一个新的额枋，也就是一层新的柱式。这一法则在卢浮宫
内院和杜伊勒里旧宫的立面上都有很好的体现，可在旧宫扩建的飞阁以及在
沿河一面形成大厅的建筑上却奇怪地违背了它。匪夷所思的是，在用飞阁为
杜伊勒里宫延长立面时，偏偏用了与旧宫毫无关系的建筑体系。而要避免这
种诡异的反差只需要一般的常识。还有的建筑师，不满足于在两层上使用同
一种柱式，结果稀里糊涂地把小柱式放在了大柱式的下面，就好像在房子里
又盖了一个房子。罗马圣彼得大教堂的立面就有这种错误。圣叙尔皮斯教堂
的乐池幕等很多地方也有。 45

4. 在重叠两层柱式时一定要避免错位，这是所有谬误中背离自然最远者。
因此有必要让上下柱子的轴线在垂直方向上对齐，形成唯一的竖线。有时地
面层的一根大柱会顶着两根小柱，这是最刺眼的错误之一。上层柱式的柱数
必须不多不少，与下层恰好相等。在这里，我必须高声批判人们钟爱的穹顶。
不管他们如何喜欢，用整一道由四个大拱作为基础支撑的列柱绝对是令人震
惊的。这种支撑很不稳固，因为它是虚的。在这里用壁柱代替柱子是极糟的
办法。这对错位来说根本于事无补。建在拱顶外表面之上的塔无论如何也不 46

会让人愉悦。所有建筑师都同意，虚上为虚，实上为实。但穹顶鼓座之上的建筑柱式却是虚上为实。若要做穹顶，就不该用现在这种形式。一个有真才实学的建筑师在建造穹顶时会避免错位，又保持它的美。如果做不到这一点，那最好还是不要用穹顶了。我还必须指出，若是用了穹顶，屋顶就一定不要出现。因为让塔出现在屋顶之上实在是荒唐。且不说其他千万种错误，在这个意义上，圣安托万街的耶稣会教堂就是罪大恶极。荣军院则没有这么不堪入目，因为它的屋顶是看不到的。它和罗马圣彼得大教堂的穹顶外观都是令人满意的，因为它们看上去都有实的基础。而室内则截然相反，两座教堂的错位都极为明显。对此有人说，一种已经成立的传统是不好改变的。这没错，但要是有人妄图以此证明我的理论漏洞百出，那他就大错特错了。

就错位而言，我还要斥责那些完全架空的建筑。他们把柱子放在托脚上，或者不把拱券放在墩座上。只有蠢材会对这种想入非非的东西发出惊叹。我曾在一座教堂里见过一个大十字架屏，它被放在三个由托脚支撑而近乎悬空的拱上。有人对我说："看，这是多么令人惊奇的杰作！""一点不假，"我回答说，"如果你们的建筑师把这大屏放在一道素过梁而不是这些可怕的托脚上，他的作品不但新意不减，还会更自然。那样或许赞叹者会少些，但他们一定是真懂的。"简言之，一切违背自然之物或有奇意，但绝无美感。建筑的所有部分都必须向下归于基础。这一法则永不可背弃。

第五节　门窗

由独立柱支撑楣部的房子不需要门窗，但四面开敞是无法居住的。为了遮风避雨，并满足人的各种需求，就必须填上柱间的空间，门窗也由此而生。它们的形状是根据需要决定的，当然能做到精美更好。方形是最简单也是最实用的，因为门窗扇的开启会很容易，而且也不需要拱内线脚——艺术的矫作；也不需要毫不自然的门窗罩。有人觉得曲线顶的门窗更吸引人。结果呢？曲线让墙两边变成不规则形，也就是一个两边为直线、斜边为曲线的直角三角形。建筑中这样的曲线总会影响它的美观。在这种地方又不得不放上各种奇形怪状的装饰物，而目的只有一个：遮羞。为何不避免这种情况？半圆形的洞口要做凯旋门，而这已成为传统。除此之外都是不适宜的。今天半圆形窗蔚然成风，而我恐怕古代的杰作上是没有这种先例的。不过，这还是要比矮平的拱形窗楣好。这种窗虽然今天很流行，但却有半圆形窗的一切缺点，而极不规则的造型让它离自然更远一步。《驳建筑论》的作者极力为拱形窗辩护，又对拱内线脚大加赞扬。我不怀疑这种好看的做法的实用性，石料的加工也精巧入微。可这有什么必要？拱内线脚若是绝对必要的，那这种做法就无可厚非。但在毫无必要的情况下反复使用，那就是搔首弄姿，只能说明没有真才实学。

长方形窗要好于拱形窗，这一点请不要与我争辩。这位批评家还建议用拱内饰掩盖拱形窗两边的不规则空间，而现实中这种例子也屡见不鲜。这恰恰说明应该禁止这种窗。它根本就是错上加错。

窗必须在楣部之下。若是放在檐口之上，那就是老虎窗。今天几乎所有的教堂都只有拱顶上抠出的老虎窗，实在令人叹息。

同一排窗必须造型相同。有的建筑师在这上面做出各种花样来，而我看不出其中的道理。

由于门窗只是偶尔出现在建筑柱式的构成中，它们就不能干扰基本的要素。为了增加窗高而改动了杜伊勒里宫大侧厅额枋的那位建筑师是不称职的。遗憾的是，佩罗先生又犯了一个粗心的错误，在他设计的卢浮宫列柱廊脚处让半圆形拱插入柱的上台座里。 52

至此，我已论述了柱式的所有基本要素，但还未提到龛。龛的效果如何？又有什么用？说实话，我一无所知。我不相信人的常识能容忍这一幕：一尊雕像被放在刻成曲形的凹空间里。我对龛的批判是绝不会动摇的。除非有人能向我证明它的必要性和原则，否则我对所有遇到的龛都会视而不见。雕像最完美的所在是基座之上。为什么要把它塞进墙里，使其黯然失色？《驳建筑论》的作者在这一点上发出了最可笑的声音。他问我去了哪里，怎么会一路都没有看到龛？他怎么会看不懂我的话？他真的以为在建筑上泛滥成灾的龛会逃过我的眼睛？是啊，这就是他对我的认识，而他还自以为很了解我。与此同时，他为了攻击我又列出一大堆实例，然后问我有没有眼睛。我要告 53
诉他，一切都在我眼中。我所走过的没有龛的路，是从建筑的原则到结论的推理过程。他的文字我看了一遍又一遍，却怎么也找不出龛的合理依据。

我希望有人能为我说明教堂立面上部两侧常见的涡卷有什么意义。说这是以柔化的手法来衔接上下层是不成立的。这种涡卷只能代表扶壁或飞扶壁，而这种追求视觉效果的做法不过是在白费气力。若扶壁是必需的，那只有去掉这种东西才会有伟大的建筑。 54

谴责流行的做法给我带来很大风险。艺术家会因为我贬低了他们钟情的自由创作而憎恨我。我恳请他们不要因为偏见和懒惰而破坏让艺术走向完美的原则。当然，要让他们承认错误是很难的。不过，他们要想走上正确的道路，这种认错虽会稍稍影响他们的自尊，却会激励人们竞相效仿。这里的问题不是盲目跟风或不假思索地循规蹈矩，而要考查我的理论是否准确，是否与世人公认的原则有确定的联系。这些原则我已作了真确的表述，并得出了符合逻辑的推论，将其作为法则。况且我也没有把实际的需求排除在外。只要是 55
方法严肃审慎，我就会承认是合理的变通。我对各种谬误也直言不讳，那些都是不符合原则或实际需要的。这就是我的思路。假如有人能证明其中的错误，我愿意作出正确的修正。

有人会这样对我说："您的意思是，我们最伟大的建筑师留下了最显眼的败笔，每一处都背离了您的严格法则。我们要是相信了您的话，那被我们奉为圭臬的一切都是错误百出的了。"我不得不说，这个反驳是很有力的。可是，没人比我更不愿玷污艺术大师的声名。我尊重他们的天才，珍惜他们的记忆，我对他们的崇敬是至高无上的。但若是因为有这些大作就认为他们的一切都是出色的，这就是迷信。在假设他们会犯错并证明他们是这样的之后，我只能说他们也是人。假如我已确立的严格法则发现了他们最伟大的作品中的问题，那该怎么办？我们要超越他们，取其精华去其糟粕，让艺术更完美。能作出这样真知灼见的法则应是我们常握手中的利剑。

另一种反驳是，我对建筑的简化过于纯粹。因为除了柱、楣部、山花和门窗，其余的都被我剔除了。诚然，我去掉了建筑上大部分表面的东西，剥离了其装饰中的很多垃圾，只保留它自然的纯粹。但不要误会：我并没有抛弃建筑师的一切元素。我只是要求他们遵循纯粹和自然之道，不要落入艺术的窠臼。真懂建筑的人能看出来，我不是在诋毁他们的作品，而是在鞭策他们努力创作，达到非凡的水平。在此之上，我还给建筑师留下了丰富的元素。只要他有天赋，再略懂一点几何，就能用我所赋予他的有限元素做出千变万化的方案，并在我去除表面元素的复杂性后找回形式多样化的诀窍。几百年来，我们一直在以各种方式对七种音调进行组合，而音乐的创作依然有无限空间。对于建筑柱式的基本要素也是如此。它们数量虽少，但即使不增加任何元素也有无数种组合。如何利用这些组合是天才的睿智，令人愉悦的丰富变化的源泉。建筑师若是非离经叛道不可，那只能说明他没有天赋。他在作品中大量堆砌，只因为无法做到纯粹。

最后一种反驳是，我的法则尽管在理论上是可敬的，但在实际中却是不可行的。例如单凭柱无法承载一座建筑，简支的额枋强度不足。但我已经给出了实例，证明这都是完全可行的，只需沿用成立的方法。任何研究过卢浮宫列柱以及凡尔赛宫礼拜堂开间的人都能看出来。另外，认为柱的支撑太弱有什么道理？它们的强度没有壁柱大么？方比圆更有力么？柱的比例是由坚固的原则决定的。只要柱是绝对竖直的，它就能承载相应的荷载。为什么会担心楣部有折断的危险？如果柱间距和实墙的重量超过了法则的要求，那它确实会。但是，假如柱间距合理，额枋之上又没有多余之物，也就是只有楣饰和檐口，最多再加上轻栏杆，那完全没有任何必要担心。带来额外重量的是墙，影响建筑优美的还是墙。墙出现得越少，建筑就越美。完全没有墙的建筑就是最完美的。

这位批评家力图向世人证明这一章的内容全是胡言乱语。其中的推理颠倒是非，论误之处一目了然，就像小学生的错误一样。他以一贯的谦和批判了盲目自大的我，一个恐怕自己的正直伤害了艺术家所珍爱的传统之人。他彬彬有礼地告诉我，我写的东西在他们眼里根本不值一提。要不是内容如此直白，他的语气真有点让我受宠若惊。他强调了一百零一遍，我的理论对现实不会有一丝影响，我应该为自己的愤世嫉俗感到羞愧，我要懂得谦虚、懂得识时务。我从未说过要单凭自己的观点作为建筑师的准则，也从未幻想过会有多少人以我的法则来自律。但我希望他们不要盲从，不要草率。他们有按照自己的想法去满足大众要求的自由，这我是绝对赞同的。但他无权剥夺我们思考的自由，不让我们去藐视那些天真地以为不是建筑师就不能谈论建筑的人。艺术应当成为所有人的责任，不是艺术家也可以为艺术的进步作出理论的贡献。

第二章　建筑的柱式

建筑柱式的数量并没有规定。希腊人只有三种。罗马人是五种。我们在法国还要加上第六种。由于这关系到喜好与才华，似乎应该让艺术家自由地创造。我们的处境并不比希腊人或罗马人差。前者创造了三种柱式，后者又增加了两种带有自己风格的。那我们为什么不能像他们一样，开辟新的道路呢？我们当然有权这样做，只要我们能像希腊人一样成功地使用它们，我们就会在历史上与他们齐名。事实上，我们至今的一切都称不上真正的创造。有朝一日，将有一位天才降世，带领我们踏上未知的征程，去超越古人创造

更多更美的柱式。就让我们期待自然无尽的恩惠吧！

回到现在，我认为其实只有三种柱式：多立克、爱奥尼和科林斯。它们最出色的地方就是各自的创意和特色，而塔斯干和复合式只是一种变体，与其他三种区别很小。塔斯干不过是粗略的多立克，复合式则是爱奥尼和科林斯的优美结合。所以，建筑只能在一定程度上归功于罗马人，而一切有价值的、明确的都源自希腊人。在这里我不想谈哥特和阿拉伯或摩尔柱式，它们已经存在很久了。唯一的特征就是前者过于沉重，后者过于轻飘。它们都没什么

创意、格调和精准，被世人认为是延续了一千多年的野蛮状态的证明。自从美术复兴以来，我们的建筑师树立了用建筑创新让法兰西之名不朽于世的伟大理想。菲利贝尔·德洛尔姆的贡献最大，是他打开了那时让建筑师停滞不前的枷锁。他立志创造一种法兰西柱式，但这位在诸多方面成就斐然、甚至是后无来者的建筑大师，却在实施中严重缺乏想象力。这一切最后汇成一种新的复合柱式，却因误解而被众人放弃。其实很早就已发现，我们的长项不在创造，而在完善和超越他人的成果上。

尽管如此，就这三种柱式已是我们最宝贵的财富。第一种，多立克，是最重的。它是为最需要坚固的建筑设计的，它的比例赋予了最大的强度，又为精美留有余地。最后一种，科林斯，是最轻的。它是为最需要优美的建筑设计的，它的比例最精美，又提供了一定的强度。爱奥尼介于二者之间。它

既不像多立克那样坚固，也不像科林斯那样精美，而是二者兼有。由此，这三种柱式就覆盖了艺术的所有范围，满足了一切需要和喜好。多立克和科林斯是两个极端，超越了它们就会过于笨重或是脆弱。爱奥尼在这两个极端之间实现了一种宜人的适中。这样，从坚固到精美的完美层次就形成了！也正因此，在这极其幸运的发现之外进行创作将是极其困难的。

第一节　柱式的共性

　　所有的柱式都由三部分组成:柱础、柱身和柱头。基座在上一章已被排除,它的命运已不可逆转：基座就用于承载雕像,而不是柱。柱础则不然。任何柱式都不能没有它,因为柱础从底下给柱力量,增加柱的强度,并使柱的收分和顶缘更加优美。在建造和美学方面的要求之外,再无任何理由随意使用柱础。多立克柱式是唯一最初没有柱础的。比如它在马塞勒斯(Marcellus)剧场里就没有柱础。维特鲁威也没有给多立克柱式做柱础。但这些都不足以证明柱础不是所有柱式的必要部分。而证据就在于古今建筑师几乎无一例外地给多立克柱式加了座盘,就像其他两种柱式都有各自的柱础一样。

　　楣部在所有的柱式中都分为额枋、楣饰和檐口。在这三部分中,只有额枋可以、也应该在多层建筑上单独出现。楣饰和檐口只能与额枋一同使用,也就是说每当出现楣饰和檐口时,就需要完整的楣部。很多建筑师在处理棘手的立面时,随意地压缩楣饰,让檐口和额枋连在一起。这个错误毫不掩饰地出现在普雷蒙特雷修道院(Abbaye de Prémontré)的巨大建筑上,而它唯一的成功之处就在于庞大的尺度,除此之外就只是一件低俗的"大作"。这在我看来是一个严重的错误,因为楣饰本来代表的是天花和木屋架之间的空间,没有它楣部就丧失了自然的比例。所以,要压缩楣饰就不可能不违背法则。这种做法会带来很糟糕的形象,说明建筑师不会把握尺寸。我们在这里还有一个要面对的问题,很多人都不清楚是否应该在山花之下保留完整的楣部。我在实际中看到很多建筑师漫不经心地处理它。按照正确的原则,檐口是属于屋顶的,上面有山花时必须从楣部去掉。这就会带来如下好处：(1)山花表明的是屋顶的真实位置;(2)山花饰不会被下檐口的出挑遮挡;(3)避免山花两端的檐口以锐角相交——这是无法容忍的交接方式。

　　在所有的柱式中,有两种线脚是可以用在任何装饰上的：方线脚和圆线脚。前者坚硬,后者柔美。这些线脚雅致地搭配后就会给人愉悦。那么怎样才是正确的搭配呢？我将大胆地通过比喻来解开这个难题。建筑的圆线脚就好比是音乐的和声,而方线脚就代表不和谐音。线脚的组合与声音有同样的目标和法则。不和谐音的嘈杂是一种艺术手法,精明的作曲家会用它来反衬和声的优美。一支曲子如果没有不时出现的不和谐音就会变得枯燥无味,但若是过多又会刺耳。因此,法则就是绝不要在没有和声的情况下使用不和谐音。让我们把这一点用到建筑上,看看装饰的和谐。圆线脚带来柔美,而方线脚带来坚硬。为了实现完美的和谐,方线脚的坚硬就必须不时地打断圆线脚的柔美,避免它变得乏味;而更关键的是后者的柔美一定要控制前者的坚硬。对于这个不和谐音的处理就是让每个方线脚前后都必须有一个圆线脚。这样就一点也不枯燥了,整个搭配就会成为优美的乐章。

在所有的柱式中，每个构件都可以作为雕刻的背景。但在这里和所有地方一样，必须避免混乱和繁缛。建筑的雕刻就是服装的刺绣。精美的刺绣在充分展示底料时会为其增光添彩，因为它保留着纯粹性。相反，假如刺绣铺满、杂乱无章，它的价值就仅限于华丽与工巧。看到这样一件刺绣服装，人们会说："这一定耗费了天价，却全无美感。"建筑上的雕塑也需要同样的节制。若不在疏密与秩序上用心，那么花多少钱也不会创造出有价值的作品。因此建筑师必须注意，切忌不加区别地用雕刻布满柱式的每个部位，放松的间隔是需要的。如果要巧妙地装饰一件作品，就一定不要连续雕刻两个部位。雕刻都需要一块素面作为背景。不在这个确定的界限内创作就会陷入轻浮的窠臼。

70

第二节　多立克柱式

71

多立克柱式永远是爱在荆棘之路上展现自己技艺的建筑师的首选。它的严格条件是其他柱式无可比拟的，因此也鲜有准确实施者。最困难的地方在于楣饰上交替出现的三陇板与陇间板。三陇板必须是长方形，而陇间板必须是正方形。这种差异是极为苛刻的，原因在于：（1）多立克柱是不能成双的。假如把两个多立克柱放在一起，柱础或柱头就会合在一起，而在两柱之间的陇间板的宽就会大于高。这两种错误是绝不允许的；（2）人们会不知道如何处理内转角的两个问题。要么让三陇板弯过转角，破开相邻的两块陇间板；要么让两块陇间板相连，中间不做三陇板。时至今日，无知的人并没有在这两点上左右为难，因为他们根本就没发现我指出的问题。多立克柱式的建筑有很多，但要么有弯的、半个三陇板，要么有宽大于高的陇间板。即使是建筑错误最少的铁罐街上的耶稣会感圣（Noviciac des Jésuites）教堂也不例外。对于最近的圣罗克（S.Roch）教堂，我不想多说，它也有相似的错误和大量变通之处。很可能会有人对我说，既然这些错误是不可避免的，那就不要把它们的设计者指为罪犯。我的回答是，倘若真有确确实实无法避免这些错误的情况，一位有水平的建筑师就会小心翼翼地回避这种困境。只有在内转角处才能允许一些变通，因为任何建筑都有可能出现这样的角。故而，两害相权取其轻者，那就是更接近自然者。在这种情况下，我认为最好是并排放两块正方形的陇间板，而不是出现弯的或半个三陇板。

72

73

在使用多立克柱式时，建筑师要充分意识到其中的困难，坚持不懈地仔细研究三陇板与陇间板复杂而细微的差别。因为只有精益求精的加工才能精确地实现，所以成功更难能可贵。

多立克柱式的柱础是最完美的，即座盘。两个模数不同的环面由一道凹线脚相连形成了很好的效果，因为强度与优美得到了兼顾。这就是为什么建筑师不反对借用多立克柱础，并将其用作在所有柱式上。他们这样做无可厚

非；把一种柱式上的优点用在别的上总是允许的，只要不破坏该柱式的基本 74
特征——那样会让两种柱式合二为一。这种程度的自由符合我所提出的规定，
与艺术的求真精神不矛盾；它甚至可以让艺术走向完美。

多立克柱头是所有柱头中最朴素、最不华丽的。由三个嵌边或圈线及其
嵌边支撑的正方形顶板、凸圆线脚，再加上一种叫胸板的素构件就是它所有
的装饰。再没有什么比这更平和、更简朴了！而这个柱头是多立克柱式的一
大特征，要替换它就会彻底改变柱式的特征。

多立克楣部很美，但有缺陷。它的美体现在楣饰上交替出现的三陇板和
陇间板。毋庸置疑，这种排列是愉悦迷人的，而在陇间板上装饰精心设计的
浮雕则能锦上添花。三陇板上以及底面下的檐石更增添了一分魅力。楣部的
错误在于粗糙和沉重：粗糙是因为方线脚过多、圆线脚过少；沉重是因为檐 75
口的博风出挑过远。沉重而又毫无支撑的大檐石让宽大的底面显得岌岌可危。
这刺眼的做法让人为这些悬在半空的大石块揪心。这些错误屡见不鲜，却被
三陇板和陇间板交错的出色效果掩盖。它是如此动人，几乎吸引了人们所有
的注意力，让他们忽视了这优美设计之外的一切。

让我们仔细看看楣部。它有素额枋；只有悬在三陇板下的滴水值得注意。
按照正确的做法，滴水必须是四棱锥，把它做成圆锥就是肆意妄为。这里唯
一的判断就是视觉效果，但我不知道为何四棱锥的滴水要比圆锥更好。楣部
的楣饰是整个柱式中最美的部分。每个三陇板必须与一根柱子的轴线对齐，76
因为这些三陇板代表的是梁头或橼头，让它们搭在支柱上才是自然的。此外，
准确的做法是在柱间距中做奇数个三陇板。实际上，建筑师并不在意这一点，
不过这是粗心的体现。追求完美的人不应容忍粗心。在凸角处会不可避免地
在两侧出现半块陇间板。正确的做法要求所有的陇间板都有浮雕装饰，而在
凸角处做素面，以避免出现弯的浮雕。关于檐口，我只有一点要说。博风的
底面分为檐石和菱石，也要遵循与楣饰同样的规定。檐石必须有 36 个圆锥形
滴水。菱石可以有雕刻装饰。转角总是很难处理。在凹角处只要遵照我前面
所说的，问题就会迎刃而解。在凸角处，靠近转角两侧的檐石的间隔之长会
大于宽。正确的做法要求博风的底面在凸角两侧的两个半块陇间板之上有一 77
个长方形，使转角处余下的空间成为正方形，并作为菱石的底面。

关于比例我将不再赘述。德科尔德穆瓦先生的《建筑论》和佩罗先生的
《建筑十书》中有清晰准确的描述。每种柱式的详细比例我都会参照这些著作，
而我的兴趣只在于每种柱式的格调。

很多建筑师都认为多立克的檐口很不好做。有的用爱奥尼檐口取而代之，
有的创造了一种不甚突出和沉重的檐口。马特尔—安格（F.Martel-Ange）
在他的耶稣会感圣教堂上就给出了这样的例子。我不会谴责这种合理的融通，
但严格地说，那样的建筑组合已经不再是多立克柱式，而是某种复合柱式。 78

我将在下文中说明。

第三节　爱奥尼柱式

爱奥尼柱式比前一个更轻巧、更精美，几乎可以做到完美无瑕的地步，但却不是真正的杰出。它没有多立克坚固与雄劲风格的妙不可言，也没有科林斯的奢华与秀丽。它的美介于二者之间，是规则性让它既不过糙也不过细，既不太好也不太差。它的和谐是完美而柔和的，它的魅力既不骇人也不迷人，保持一种愉悦的兴致。所以，爱奥尼的本质就是温和的愉悦，无瑕的美。让我们仔细看看。

维特鲁威给了爱奥尼柱式一个柱础，而这在我和很多人看来都是唯一多余的东西。他的柱础很难看，明显违背了自然的原则。一个大环面仅有两个被小圈线打断的凹线脚支撑，一个可怕的错误。按照正确的法则，最重的在下，最轻的在上。自然的秩序在这里被颠倒，并影响了坚固。柱础不是向上收分，而是向下。它在靠近台座的地方变窄，却在与柱身相接的位置突然变宽。这些显而易见的错误让古今无数的建筑师抛弃了维特鲁威的爱奥尼柱础，改用我们在前一篇提到的优美座盘。如此一来，这些错误就少有人效仿了。

爱奥尼柱头是这种柱式最精彩的部位，是整个柱式最动人的特征。圈线、凸圆线脚、从两端盘入涡卷并在上方有蛇曲线的卷缘以及顶板就是它所有的装饰。这种柱头的美就在于两侧无比优雅的涡卷。这种柱头早先只是正面有涡卷装饰，两侧是在中间由松果带相连的杆柱。在正对涡卷时，这种差异是没有问题的。但在第一个转角处，经过门廊的直角就必然会看到角柱柱头的杆柱。这会带来两种尴尬的情况：要么让一整排柱头以杆柱为正面，但这效果可想而知；要么两个角柱的柱头与其他的朝向都不一样，这种不同寻常的

做法肯定是不和谐的怪物。古人不知如何避免爱奥尼柱式的这一问题。我们要感谢斯卡莫齐（Scamozzi）让这优美的柱头走向了完美。他天才地做出了四面相同、都有涡卷的柱头。从此以后，这个柱头就摆脱了困境。今人则在斯卡莫齐的创造之上再进一步。斯卡莫齐在保留方形顶板的同时，让两个涡卷的连带等宽。而今天这个部位会向下增宽。顶板也有了凹口和与涡卷相符的曲线。这样的柱头已经达到了优美的极致，我看不到有任何东西能让它更完美了。

爱奥尼楣部有着与其他柱式同样的精美与纯粹。额枋分为三道博风，高度各不相同，从最小到最大。顶上是令人愉悦的蛇曲线。楣饰也是素面，但也可以有雕刻装饰，而这取决于得体对柱式繁简的要求。檐口是迷人的，出
挑适宜。博风的支撑更让它显得安稳，不突兀。它依次由蛇曲线、齿饰、圈线、凸圆线脚、博风、蛇曲线和反曲线（doucine）组成。其中几乎没有方形，所

以不会有生硬感。不和谐音很少，并以正确的方式进行了处理，因此整体十分和谐。

应该注意的是，檐口有两个部分是爱奥尼柱式的基本要素。一是雕成一道小块的齿饰，二是有底面掏空的博风。

爱奥尼檐口的美是独一无二的，是所有檐口中构成最好的。装饰简单而又不失轻巧与和谐，让它在各方面都胜过其他。因此，优秀的建筑师在遇到 **84** 其他檐口的限制时一定会用它，只要他们的目标允许甚至可以证明它。

第四节 科林斯柱式 **85**

终于我们要讲最伟大、最壮丽、最崇高的建筑成就了。科林斯柱式是最令人惊奇的，只需一眼就立即能让人的灵魂直达天顶。若是做得完好，这种柱式的高贵和装饰的雄伟定会摄住人心。古人只晓得三种美，这三种柱式各居其一。质朴是多立克之力，柔和乃爱奥尼之宜，而高贵则为科林斯之冠。

维特鲁威给这种柱式做了柱础，确实比爱奥尼的要好，但还是有很大不足。这是在爱奥尼柱础的台座之上增加了一个大环面。它最大的问题就是太纤细，缺少柱础应有的坚硬感。它的线脚纤细，仿佛一碰就会破。所以还是让我们回到优美的座盘吧。它的设计动人心弦，而全无缺憾。 **86**

科林斯柱头是一件杰作，也正是它让科林斯成为柱式的佼佼者。它有着无上的优雅和壮美。它是一个盖着四面有曲线的顶板的大花瓶。花瓶下部有两排叶子，弯曲的叶尖微微凸出。从这些叶子中间伸出茎梗，在顶板的中间和转角处形成小涡卷。这个构成中的一切都令人赞叹：花瓶为底，生出鲜活的叶；叶片弯曲着、延伸着；茎梗自然而然地随工匠之意形成涡卷，最后优雅地托起顶板。这一切都那样柔和、和谐、自然、丰富而优雅。我的语言真 **87** 不能表达这唯有高雅格调才能赋予的感受。德科尔德穆瓦先生正确地指出了我们建筑师的错误。他们在这里用月桂和橄榄叶，却把莨苕叶留给复合柱头。我看不出这种做法的依据，它是一部毫无意义的狂想曲。莨苕叶的天然轮廓和曲线最适合科林斯柱头。这种植物会在叶子中间长出柔软的茎，正合柱头上伸入涡卷的茎梗饰。雕刻家卡利玛科斯（Callimacque）的故事众人皆知。科林斯柱头的起源是他偶然发现的一个花瓶。莨苕的茎叶将它裹在其中。如此幸运的发现怎能不珍惜？月桂或橄榄的小叶片只能强加在科林斯柱头上。要用它们来取代莨苕的大叶片就是背弃自然，舍本逐末；以童叟之力震天地。 **88**

说起科林斯柱头，《驳建筑论》的作者认为，这一切都要归于古老的传统。倘若希腊人一丝不苟地遵守自然的法则，那我们今天就无法拥有这优美的装饰了。这听起来蛮有道理。这种意见显然源自某些建筑师对科林斯柱头不体现坚固的成见。对此我不敢苟同。形成柱头中心的花瓶是一个实体，有足够的强度承载顶板和额枋。花瓶上的莨苕叶和茎梗也没有将它完全遮住。它所露出的部分足以让人放心，不致在看到顶板立在单薄的茎叶之上时大吃一惊。这纤柔的叶片是不支撑任何东西的。这种柱头的创造者巧妙地让人一眼就能看出它们只是装饰而已。因此，《驳建筑论》的作者这么说是错误的："我很

89   清楚，今天要让类似的创造获得成功是不可能的。我建议艺术家不要去冒这个险，除非一样东西的'崇高'遮住了谬误，让双眼只看得见想看之物。"平心而论，我真希望有艺术家能有与科林斯柱头媲美的创造。只要他们不让幻想飞过这无与伦比的柱头，就绝不会跨越法则与自然的雷池。如此，我对他们的成功笃信不疑。《驳建筑论》的作者要是与卡利玛科斯处于同一时代，就很可能会指责这天才亵渎了"好的建筑"。若是权威让他丧失了一切幽默感，

90   世上就不会有科林斯柱头了。所幸的是，希腊人没有那么苛刻。艺术家一旦挣脱循规蹈矩的枷锁，就能有与希腊人齐名的完美创造。

科林斯楣部与爱奥尼十分相似，只是装饰更丰富，而檐口则稍逊一筹。额枋分为三道博风，高度各不相同，这和爱奥尼是一样的。每一道博风都有一个线脚：第一道是圈线，第二道是蛇曲线，第三道是前两个的组合。额枋是最完美的。它没有一丝粗糙，一切都那么圆润。楣饰既可素，又可作雕刻

91   的背景。从这一点上看，它又很像爱奥尼。檐口是一道博风。它绝不能刻成齿饰、圈线、钟形饰或凸圆线脚，檐托之上是蛇曲线、博风、蛇曲线和反曲线。这个檐口毫不突兀，方线脚上下都有圆线脚。这种檐口唯一的不足就是出挑过远。博风的底面在外观上几乎和多立克柱式一样沉重。我承认，交错的檐托与溢满玫瑰饰的方形平綦为它增色不少，但毕竟支撑它的檐托还是露出了

92   危险的悬挑。这个大平綦上的反曲线让整个檐口的出挑更远了。因此，有的建筑师在大尺度的科林斯柱式上会减小反曲线。这种处理能够避免过多的荷载，而被破开的檐口也就无法保持它的比例。尽头一道上方为蛇曲线的博风影响了它的美，让它的顶部过窄过平。我指出了这些即使严格遵照法则也会在建筑柱式上遇到的问题，好让建筑师相信这种美的艺术还没有达到它所应有的完美，而他们中才华超众者将在不断地推敲中成就完美。这应是建筑学者不懈的追求。若是有人能解决我所提到的问题，又不破坏真美，那就应该给予奖励。要是他们能知道有这种方法，那很多建筑师就已获得了成功的天资。他们对古人亦步亦趋，却不肯将古人因懒惰或愚昧而未竟的事业推向圆满。

我会坚持让檐托与每根柱子的轴线对齐，直到它得以实现。因为高处有檐托，科林斯柱式上是没有齿饰的。大家都知道这是它源于木作的缘故。然而实际上大多数建筑师都会突破这一规定。他们很可能认为，增添大量的装饰就能让作品更优美。檐托的特殊位置在尼姆的卡雷宫上是出了名的——但在这里

93   却是错的。尽管这座建筑是最珍贵的古迹之一，也不应重复这种明显违背自然的错误。这个例子再次证明了，古人并不是时时处处都值得我们效法的。

从我的话中不难看出，这三种柱式每个都有各自的特征。虽然它们之间有很多相似之处，却在细节上有差异。除了比例我没有讲述之外，它们都有各自的柱头和楣部，而柱础严格说来也是不同的。在现实中，建筑师必须仔细研究柱式之间的差异，切忌混淆特征。再没有什么能暴露他的无知了，除非他想设计我将要论述的复合柱式。　　94

第五节　各种复合柱式　　95

缺乏创意的建筑师总会靠奇妙的组合来让自己的作品更丰富。这三种柱式就好像一座取之不尽的宝库，让人根据自己的喜好和才华从千百种组合中创造出有价值的作品。罗马人对维特鲁威留给我们的复合柱式的比例和特征也做了自由发挥。此外还有大量其他复合柱式，在很多古迹上都能看到。他们这种主观的组合也并不总是有好的结果。我记得几年前在尼姆的喷泉边发现的古迹上有极其古怪的檐口残片。上面有两个不一样的博风，带上下两排齿饰和檐托。这种手法重复的低俗简直无以复加。　　96

我们的建筑师要想设计富有新意的复合柱式必须协调各个部分，不要让任何东西违背常识，并遵循常规的法则。如此便能兼顾优美与坚固。在这一类型上，维特鲁威的复合柱式可以作为一个典范。它说明了如何将每种柱式的基本部分组合成一种独具特色的新柱式。不过，这种柱式依然有它的错误，我们要小心避免。

维特鲁威的复合柱式有与科林斯相同的柱础，而有些部分截然不同。它也有一个带两排莨苕叶的花瓶，排列方式亦如科林斯。不过它没有茎梗，而是卷向柱头中心的花饰。花瓶顶上是嵌边、圈线和凸圆线脚。花瓶里伸出与爱奥尼柱式相似的大涡卷。涡卷上装饰着回卷的大莨苕叶，仿佛是在支撑顶板的四角。涡卷下部的花饰沿着涡卷的边缘，几乎要遮住它。顶板与科林斯　　97
柱头的非常接近。复合柱头的精致和细腻要胜过科林斯，并在整体上表现出一种气势和愉悦。这种柱头的美让复合柱式极受欢迎。甚至有白丁竟认为它比科林斯好。具有出色鉴赏力的人一定会避免这种不假思索的评判。

复合柱式的楣部与其柱头的美并不相称。额枋仅由两道不等高的博风构成。第一道之上是蛇曲线，第二道是圈线、凸圆线脚和凹圆线脚。对于额枋的博风这样小的部位，线脚太多了。此外，凹圆线脚也不好。它使额枋的顶部过于纤细脆弱，轮廓一点也不优美。楣饰可素也可用科林斯的雕刻。檐口　　98
由圈线、蛇曲线，以及带两排檐托的两道博风组成。第一道博风之上是蛇曲线，第二道是嵌边和凸圆线脚。然后是一道博风，下侧掏空，并有蛇曲线和反曲线。檐口很沉重，同一部分重复过多。檐托的形式十分脆弱。突出檐托的博风毫无意义，又让檐托显得多余。要把这个檐口做得完美还需要大量修正，甚至重新设计。

让我吃惊的是，我们的建筑师没有以维特鲁威的风格进一步深化复合柱式。现在还有些实例可以证明他们是有这个能力或意愿的。有些复合柱式的概念和组合并不繁杂，也符合常规。有的只是把不同柱式的主要部分进行了99 重组，比如把爱奥尼的檐口放在多立克楣饰和额枋上，或者一种柱式的完整楣部放到另一种柱式的柱子上。在我看来，最别致的复合柱式出现在圣凯瑟琳（Sainte Catherine）教堂的内门廊上。在科林斯柱和额枋上是一个多立克楣饰，而檐口为爱奥尼。这种复合柱式很美，因为它综合了三种柱式最好的部分。然而，它的错误也显而易见。三陇板没有了悬在额枋上方的滴水，使它魅力大减。希望我们的建筑师能继往开来，将所有柱式的特征组合成一种新的柱头、额枋和檐口。这对于天才的竞争还有无限的空间。在我看来，100 甚至可以在已有的线脚上再做增加。不过一定要记住避免出挑过远，线脚过细、过粗，还有不要出现褶边。最后还要掌握正确的比例，坚固和优美都有赖于此。

101
第六节　如何美化柱式

美化柱式的手段有三种——丰富的材料、繁复的加工，或二者兼有。丰富的材料包括大理石、青铜或金，繁复的加工指雕刻装饰。二者兼有则是在大理石、青铜或金上施加最高水平的雕刻。

大理石、青铜或金使用的机会很少，因为成本太高。只有皇宫和教堂才会用这种材料。尽管如此，使用它们也是有规矩的。首先要以好的品相来搭配各种大理石的颜色。一定不要被稀有大理石的价值迷惑，或是相信一座建102 筑会仅仅因为使用了来自远方或是已挖空的石场的稀有大理石就会变得优美。花岗石和斑石就是一例。它们的颜色就没有因此而变得迷人。眼睛是无法判断稀有的，而这也毫无价值。但眼睛能看出颜色的美，而最重要的就是眼睛的愉悦。从这一原则出发，美的大理石就是那些色彩鲜艳、纹理清晰的，或者图案奇特、生动活泼的。以下是正确布置大理石的法则：

1. 无纹理的白色大理石应留给要雕刻的地方。錾子所到之处总会将大理石的纹理破坏。它会让轮廓混乱不清，并形成一种不规则的反光，而这对于作品的整洁是不利的。

2. 有纹理的白色大理石必须用在背景上。各种有色大理石要留给柱、楣饰和嵌板。

3. 大理石的颜色要尽可能符合作品的特征。在陵墓上使用绿、红、黄或103 其他亮色大理石与把黑色大理石浪费在祭坛上是一样荒谬的。

4. 应避免将颜色过于耀眼的大理石放在一起，同一种颜色的也是。过多的棕色看起来会显得忧郁阴沉，而软色过多则生冷乏味。所以关键是让各种颜色相互融合，使各自的品质相得益彰。这其中的和谐则需要仔细斟酌。

大理石雕刻必须要考虑镀金属。镀青铜是最好的，但非常昂贵。由于经济的原因往往在木或铅上镀金属。木作的底是很理想的，但大理石的湿气会让它腐朽。镀铅没有这种缺点，但效果总是不好。镀金属一定不要过多，只需提亮大理石的乏味和色彩的沉重即可。

美化柱式的第二种手段是在各个部位增加雕刻装饰。我已经说过，为了避免混乱切忌布满雕刻，最好是间隔分布。对于这种雕刻，我只说几点成功的要领。雕刻不能破坏轮廓的清晰。唯有清晰才能说明作品加工的精美，而完整的轮廓会赋予它优雅。它的设计必须遵从自然。我们的艺术家一直在追求风靡于世的奇异，有意打乱所有装饰的轮廓。一开始这种怪异的做法确实吸引了我们这个变化无常的民族。这一风潮若是再多流行几日，我们的狂乱就会超过哥特式（阿拉伯式）。所幸那没有成真，这危险的传染病也即将走到尽头。装饰要尽量避免圆雕，因为硕大的体块会让建筑显得笨拙，所以要用浅浮雕。凡尔赛宫礼拜堂的装饰可以作为典范。整体的设计都很完整、清晰，浮雕深度适中。这一切犹如一场视觉的盛宴。

关于美化柱式的第三种方法我就不再赘述。将前两种手段融合在一起即可。

第七节　无柱式的建筑

五柱式并非适用于所有建筑，因为它们的费用不是每个人都能承受的，而且还要有合适的大立面。五柱式其实只属于大教堂、皇宫和公共建筑。对于其他建筑则需要回归简单和廉价的装饰。没有楣部和柱也能创造出吸引人甚至是美的建筑。我们的建筑师对此心知肚明。我敢说，也正是这种建筑才是他们最得心应手的。少一点教条，多一分自由，就能让天才与庸才不分伯仲。伟大的建筑师不应小看这种建筑。构成越是自由，就越容易融入天才的创意，用一切雅致、尊贵和崇高的创意让它的优美达到极致。而更可贵的是，这会给设计带来无限的空间。因此，一个技艺炉火纯青的人在这上面就一定能创造出值得自豪的杰作。

我所谓的建筑之美主要取决于三个因素：准确的比例、优美的形式、合理的装饰。

不论立面的构成如何自由，它的比例绝不是任意的。立面的长度确定之后，就只有一种正确的形式。过高或过低立面总会被发现不合适，直至遇到心中最合适的比例。艺术家就是要通过研究准确地把握这个比例。

顺便提一下，我说在所有的立面中只有一个最佳的，并不是指长度相同的所有建筑都必须高度相同，而是说特征相同的所有建筑在长度相同时必须

104

105

106

107   高度相同。建筑的特征是指所选的类型和目的。教堂、皇宫、私宅、正殿、飞阁、穹顶、塔是各种主要的类型。不同的目的会形成较为奇特的创意，并需要一种简单、雅致、尊贵、敬畏、雄伟、非凡或宏大的手法。建筑师通过心底的感悟充分把握了目的之后，就必须选择风格。这第一步要求他有灵动的天赋、确定的品位和深思熟虑。在明确目的、选定风格之后，建筑的特征就确定了。这样我就可以说，比例不是任意的，而只有一种是最合理的。我的理由是，自然不会用两种方式实现同一种效果。这种令人满意的效果取决

108   于是否坚持了它的唯一法则。因此，立面的高和长之间的比例必然是不变的。建筑室内的宽度、高度和长度之比也是如此。遗憾的是还没有足够的研究来揭示它的正确比值。外观的比例应先确定最大和最小的高度。在这两个极限之间就是各种特征的建筑所需的高度。对于室内的长度和宽度也是同样的步骤，即先确定最大最小值，然后按比例划分尺度。这种研究是至关重要的，而令人惊讶的是人们对此漠不关心。布里瑟先生（M.Briseux）刚刚出版了一部巨著，并在其中浪费了巨大时间证明比例是必要的。只有不熟悉建筑原初概念的人才会质疑这种必要性，而佩罗先生又以自相矛盾的方式对此进行了反驳。他认为前者的矛盾完全出自他的偏执。布里瑟先生若是给了我们能够为理性所依赖的法则，让我们确定地走向真确的比例，那他的贡献就会更大。

109   然而他的论述只不过是建立在错误的推理之上。

每个部分的比例必须以同样的准确性与整体相对应。楼层、门窗以及所有的装饰都要用整座建筑的长度和高度来控制，并形成宜人的和谐。但在这一点上我们并没有确定的法则。我们还没有找到它不得逾越的界限。唯有自然的鉴赏力与丰富的经验能作为建筑师在茫茫大海中的指南针。长期的实践对他们眼光的磨炼或是敏锐的直觉能让他们隐隐约约地找到这一点。我们需要在这个领域悉心钻研。假以时日，一切都会呈现在我们面前：每类建筑高

110   低大小的准确界限。艺术这一方面太被忽视了。有多少建筑要么过瘦要么过胖。一座建筑上有多少楼层、门窗、台座或檐口的立面有或大或小的错误！这是艺术最关键的一点。任何比例正确的建筑，即便只有这一种优点（当然这也意味着它是最纯粹的）也会令人满意。相反，若比例不对，多少装饰也无法纠正这个错误。人们对它说"太高了"或"太矮了"时会是多么悲哀。

第二点我想提形式的优雅。要想创造令人愉悦的建筑是无论如何也不能忽略这一点的。形式是由平面决定的。让形式宜人的唯一方式就是避免陈腐的平面，保证它有新的、装饰性甚至是不同寻常的东西。这里最好利用规则

111   的几何图形，从圆到椭圆，从三角形到多边形。直线和曲线可以组成各种形状。这种方法可以让平面千变万化，既不乏味又是规则的。长方形是建筑中最常见的形式。然而，这种俯拾即是的形式已变得毫无新意。人的天性就是追求新意和变化，而所有艺术都必须满足这种天性。只有它刺激并满足了我们的

品位才会被认为是出色的。如果说大部分建筑都让我们觉得平淡无奇，那就是因为它们的平面太单调。见过一个就是见过一切：不过是大小不同的长方形。四国学院（Collège des Quatre-Nations）是唯一一座形状新颖独特的建筑，永远吸引着人们的目光。仔细观察就会发现，这座迷人的建筑最大的特色就是它优雅的形式与平面中曲线与直线的优美结合。在形式的变化中，只要不偏离规则的几何图形就不必担心陷入奇异。多样并不一定带来混乱。　112

　　建筑的形式可以从各个部分的高度，以及雕刻装饰的变化中形成别样的优雅。卢森堡宫与杜伊勒里宫的形式即是后者的体现，却毫无前者。凡尔赛宫大花园立面既没有前者也没有后者。凡尔赛宫朝向庭院的平面更具装饰性，却没有格调和优雅。长方形平面的庭院序列渐次变窄，直到最后一个窄得令人惊讶。马厩的平面中直线与曲线的组合使其格外优雅。如果这两个马厩以椭圆的长边与第一个庭院的两个门廊相接，那这一部分就会成为最精彩的。　113

　　最后我要说一说装饰的选择和排布。对于简单的装饰来说，把建筑的转角从上到下布满隅石，用素凸带分出各层，为门窗加上素框，再给整个建筑顶上做一个设计优雅而不烦琐的檐口就足够了。由于在这种装饰中必然会出现素面，门窗顶部做一些弧形甚至是半圆形拱都无可厚非。如果需要更复杂的装饰，就可以在窗间墙上增加形式各异的浅浮雕镶板。门窗之上还可以雕刻花饰。这要比用兽面、托脚甚至卷边圆饰来做拱心石更好。卷边圆饰的格调很差，因为自然中绝无此物，最好永远不要使用。

　　我已把自己的观点向建筑师和盘托出。对于我的观点，他们可以接受、拓展或是深化。现在他们就能知道，不用五柱式也能设计出各种美的建筑。由此，他们就可以得出结论，让大型建筑的更加雄伟最好的手段就是为柱式　114
的雄壮增添无柱式建筑的雅致。这就是我交予他们的元素。如果他们知道如何从中吸收营养，那美化或丰富什么都不在话下。

第三章　论建筑艺术

建筑必须遵循坚固、实用和得体的要求。这些内容将分三篇论述。

第一节　论建筑的坚固

坚固是建筑首要的特征。频繁的重建会耗费大量资金和精力，因此就尽一切可能让建筑延年益寿。古人一心要让自己的精湛技艺流芳万世，故不遗余力地赋予建筑抵抗日常灾害的力量。今天的建筑中就有屹立六七百年者，除了变褐发黑之外毫无腐朽的迹象。在我们的王国建立之前的建筑即便无人
照料修理也是如此。虽然历经数次破坏和拆毁，它们仍屹立不倒，让今天的我们与后世发出同样的惊叹。今天的艺术家却不这样重视坚固。他们的建筑能否禁受三百年的摧残是值得怀疑的。甚至有人指责他们有意让建筑短寿，就是为了能对它进行翻新。诚然，我们经常遇到岌岌可危的新建筑。这是因为建筑师缺少智慧还是经验？一定是其中之一，有时还是二者兼有。因此必须在这一方面制定规矩，避免让公众成为无能的骗子玩弄的对象。

建筑的坚固取决于两点：材料的选择与有效的利用。

石材、石灰、沙石、木材、铁、灰泥、砖、瓦和石板是建筑的必要材料。
它们的选择与很多因素密切相关。建筑师的责任就是了解每种材料的优良中差。这种研究通常都不困难。每个国家最好的石材、木材、铁的产地都是基本清楚的。守信的承包人是不会欺骗雇主，把质量差的说成好的，中等说成优等的。用客户不愿支付正常的价格来为这种欺诈开脱是不对的。在约定了正常甚至更高的价格之后还是买到假货的例子不胜枚举。只有认为利润高于信誉的雇工才会以此为借口。建筑师应有更高尚的情操。我期望他是对艺术满怀真爱之人，以杰出的成就为荣。胸怀如此大志的人必会远离诡计与谬误。他不会满足于中庸，而要向雇主准确地说明在质和量上什么是最好的、较好的，
什么是不可或缺的、适合的。他会坚决反对无意义的节约，仅仅为了避免增加眼前的一点成本而在最后带来更高的成本。除非能在质和量上自由地使用材料，否则他是不会承担建筑任务的。相对于大量的合同，他更愿意做到少而精。一旦矫饰的欲望占了上风，他的荣誉感就开始腐化。这种卑鄙对艺术的腐蚀就像对道德一样。一切都走向媚金与欺诈。在建造的过程中，无数细小的环节带来了可乘之机。虚高的需求，有意抬升次品的价格，都明目张胆

地写在账单上。这要比医师的处方坏一百倍。明眼人一针见血，美术就是品位的坟墓。这只是对那些欺世盗名的贪婪艺术家而言。对利益的追逐让各种名目的虚假项目泛滥于世。这些人会找到愿意接受的傻子，而若是客户对他们的贪婪稍作退让，这些猛兽就会掏空国库。我说这些题外话真的情有可原，　119
艺术家会被这刺痛。它之所以如此尖刻只是因为我热忱的期望。不过，这些批评只是针对那些与大师相去万里的艺术贩子，我也绝不会把他们和真正的建筑师混为一谈。

材料的品质有高下之分。建筑师的钻研就是要了解其中的属性和区别，并在实践中练就一眼一触即可辨优劣的本领，不致被小人蒙蔽。品质相同的材料也不一定能用于所有的建筑。这种鉴别的能力也是建筑师必须具备的。有了这种能发现一切材料用武之地的本事，他就会避免重大的失误和无用的　120
开支，因为他掌握了因地制宜的要领。建筑有的部位需要高品质，有的一般品质就足够，还有的必须是最上乘的。只有低品质必须抵制。建筑师要是敢用，那他很快就会意识到自己的错误并自责，但这一定为时已晚。

在材料的选择之外，使用方法也会对建筑的坚固有很大影响。所有的建筑上都必须区分荷载与支撑的部分。只要任何地方的荷载都不超过支撑的力量，并达到平衡，建筑就会具备所需的坚固。让我们来看一段独立的墙体。它既是荷载也是支撑。上部给下部压力，而下部支撑上部。再来看整栋建筑。它有若干墙体支撑着拱顶、天花和屋顶。这些就是建筑的荷载，而墙体是支撑。　121
建筑师的设计要准确地计算荷载力，从而得出支撑力。

有些荷载是垂直向的，比如以基础直接承重的实墙。要计算这种自上而下的压力，只需测量墙体的高和宽即可。有的荷载是斜向的，比如拱顶。计算对左右两侧的推力，就必须测量拱顶的凸度。它越矮，推力就越强。最后是天花和屋顶，压力是垂直的，几乎没有斜向。所有这些都必须仔细地计算。

因此，建筑的坚固主要取决于支撑的强度。只要知道如何给一面墙所需的强度，让它永不倒塌，就可以为最沉重的荷载提供足够的支撑。

墙体的稳固要看三点：基础、墙厚、砌合方式与竖直。最好的基础是岩　122
石或原石。不过这也需要仔细判断。有时挖开土层，看到的岩石并没有足够的厚度。这种天然的拱顶在高墙的重压之下必然垮塌。因此，若是建筑的体量很大，那就必须探测裸露岩层的厚度，确定它不是中空的。即使是，也要保证这个拱顶层足以支撑极高的荷载。假如没有岩层，就要挖到实土层或原土。如果在深层发现了水或沙，就必须使用桩基础。只要做得好，这就会是最好最稳定的基础。

建在坚实的基础上是至关重要的。这一显而易见的原则几乎不需要解释。尽管如此，这方面的严重错误说明必须反复强调这一原则。谁能想象像圣彼得大教堂这样的建筑竟没有核查基础？这个巨大的巴西利卡坐落在古代尼禄　123

广场的废墟上，但没有人费力去挖到实层。这就是一座代表永恒却必将倾颓的建筑！卡瓦列雷·伯尔尼尼（Chevalier Bernin）在为这座教堂立面的两角设计钟塔时就印证了这一点。工程尚未深入之时，他就发现额外的重量已经使墙体下部出现了危险的沉降。这些墙体的强度是万无一失的，所以就只能是基础的问题。为了证明这一点进行了发掘，结果正是我指出的问题。随后又尝试着用地下支撑墙进行补救。但这治标不治本。希望这个教训能让建筑师对于作基础的土壤慎之又慎。在这方面，多少安全措施也不为过。这种显而易见又无可挽回的错误每天都在重复。圣叙尔皮斯教堂厚重的加固对于它的裂痕和破坏不是也无济于事么？有人说这不是建筑师的责任，因为地面各处硬度不同，所以建筑必然发生沉降。那么为什么不采取一切必要的措施确定地面的情况，并在硬度不足的地方进行加固？为何古代建筑发生沉降的要比现代建筑少？我们是遇到了前所未有的困难么？还是说古人在这方面比我们有更多的知识和更正确的手段来进行建造？

124

基础选定并安置好之后，就要以下列方式进行砌筑：（1）每道砌块平准、铅直；（2）石块不论丁接还是顺接都要保持原石场的层位；（3）下一道砌块的缝要对上一道的面；（4）墙体内不留虚空间。

125

是工匠的懒惰使某些街区出现了奇怪的建筑，让它的所有部分都在地下。他们按所需的长宽挖出沟，然后随意把大石块丢进去，再放上大量灰浆。这是糟糕透顶的做法。除了很多不可避免的空隙，随意丢掷的石块还会落在错误的位置。有的是短边着地，有的是长边。而上方的荷载必然会将它们压垮。沉降和开裂是必然结果。认为建筑地下的石作不需要与可见部分同样的精准工艺是错误的。一个好的基础需要用琢石，或者至少是尺寸规则的大石块。所有步骤都需要用水平仪、量杆和铅垂。灰浆一定不要过多。只要不是用于黏结石块或填补缝隙，灰浆就一定很难看。结实的墙体一定是强度均匀的。但石块间的灰浆很厚时就不行。最佳的施工方法可以参考佩罗先生的《建筑十书》。如果需要实例，可以看巴黎天文台和卢浮宫的新建筑。

126

建筑要坚固，墙体就必须有合理的厚度。这个厚度要符合建筑专著中的一般规则，我就不必在此赘述了。这里只考察是否高墙有必要每层都收进。收进虽然很常见，但在我看来并无必要。如果墙是遵照规则建造的，并保持绝对垂直，那从上到下厚度都相同会让它更坚固。我承认在高墙上保持各部分精确的垂直是极其困难的。古迹中有不少高耸入云者。可我们的工匠只是发出惊叹，却毫无见贤思齐的雄心壮志，甘于不完美的成规。在实际中，做收进时一定要保证各面墙体相同，以便让重量落在正中才安全。

127

墙体的厚度必须是有限的，也不要附加任何表面的东西。原因之一是避免增加成本，但更重要的是不要形成沉重感。这两个极端都是错的，但如果要在过于轻巧和过于沉重之间选择的话，前者往往好于后者，而后者在现代

的建筑中却更为常见。完美艺术的秘密在于将坚固与精致融合在一起。不论 128
我们的艺术家怎么说，这二者绝不是对立的。哥特风格建筑的精致有时会走
向极端，超越可接受的界限。这些建筑的坚固丝毫不亚于我们现在的，它们
能屹立至今就是最好的证明。我希望建筑师至少在这个方面能够继承这种滑
稽的风格，研究这种处处纤细却不致倾覆的建筑的过人工艺。圣德尼修道院
（Abbaye de S.Denis）的老建筑在这一点上就胜过新建筑。甚至不知名的鉴
赏家都在感慨，大量金钱被浪费在取代一座墙体如要塞般沉重却又十分精致
的建筑上。老教堂与新建筑的对比会证明 18 世纪的工匠与 11 世纪和 12 世纪
的技术相去甚远。不幸的是，圣叙尔皮斯教堂也是让我们的粗鄙原形毕露的
例子。它真的需要如此沉重的体量来显示坚固么？我们的建筑师会说是，大
众却会说否。而我只要带他们去看看圣礼拜堂就可以让他们信服。古人用石 129
很谨慎，用铁则很随意。借助水平仪和铅垂，他们成功地将坚固与精美结合
在一起。而这样做的缺点是什么呢？我们对装饰的理解远胜过古人，但他们
的施工比我们强。我们若是想做的更好，就不要在装饰上效仿他们，而是虚
心学习他们的施工。

　　永远也不会有一位勇敢的建筑师摒弃在建筑学校里积累的错误么？胆小
的教师只会给学生灌输一个观点：增加建筑的体量以保证坚固。这种俯首帖
耳的怯懦仅仅是因为他们缺乏实践和知识，却又在学生中代代相传。大众只能
对那些浪费在刺痛他们双眼又掏空他们钱包的石材叹息，只得去欣赏哥特建筑。
他们被当作愚民，对一切束手无策。但愿能有大无畏之人现世，剔除我们建筑 130
上冗余的体块，并教导被谬误蒙蔽的工匠：昨日之辉煌必将在今日重现！

　　拱顶会向左右产生推力，因此需要给支撑墙额外的强度。时至今日，除
了扶壁和飞扶壁竟再没有更好的办法了，唯有它们能防止墙体侧移。所以在
教堂上会用它们，只有那里有侧推力很大的高大而沉重的拱顶。这些不可或
缺的飞扶壁让我们教堂的外观不堪入目。后面我会讲述隐藏它们的方法。现
在要对大拱顶指出的是，必须尽可能地减少它的重量。有两种方法可以实现。 131
一是准确地贴合拱顶的天然曲线，二是保证适宜的厚度。前者能为拱顶带来
很大的强度，从而减少支撑。那些掌握了石工艺科学的人可以四两之石举千
钧之力。他们能够轻松地做出低平得像天花一样的拱顶，还可以将石块高高
撑起却不露出拱顶。像普雷蒙特雷的楼梯那样的构造，厚度之惊人只有超凡
的石工艺才能实现。因此，建筑师无论怎样努力地钻研这最奇妙的建筑技艺
也不为过。关于这一完美的技艺，德朗（P.Derrand）有专门的著作。他的
《论石作》（Traite de la coupe des pierre）最后能进行修订。除了语言有些
过时外，主体内容也不够清晰准确，更没有精益求精。德拉吕先生（M.de la
Ruë）也写了同样的内容，但在修正了德朗的一些错误之外并无建树。在这一 132
点上还有很多需要讨论和研究的问题。

建造轻拱顶的第二种方法是减少厚度。看一看哥特建筑的拱顶就会发现它们大多不过 6 英寸厚。有必要做得更厚么？不，在我看来可以更薄一些。最近发现了只有一皮砖厚的绝妙拱顶。这种做法在某些国家已是历史悠久，而对于我们来说却很新奇。它证明了拱顶不需要厚度来保证坚固。让我们牢记这个发现，以减轻需要支撑的荷载。

勒孔特·代斯皮先生（M.le Comte d'Espie）不久前刚出版了一本非常实用的小册子，说明了如何建造我所说的这种拱顶。他举出了各种实验证明这些拱顶的坚固，保证它们的曲线平缓有如帝国天花。这本手册中提到的实

133　验有力地证明了这些拱顶完全没有任何侧推力。仅此一个优点就足以胜过所有其他拱顶，更不要它还轻巧、省木、防火。这种方法的价值无论如何不应被世人忽视。要印证它的真实性只需几次试验即可。在鲁西永地区的经久耐用、朗格多克地区的普遍以及马雷夏尔·德贝利勒（Maréchal de Belle-isle）在比西（Bisi）的成功都是它优点的体现。

好的砖和灰浆在这里是必需的。这两种材料在粘接之后十分牢固，除了把它们破坏以外是无法分开的。这些拱顶的设计方法也非常简单：在做出拱形之外没有额外的曲线。工匠在墙体上的起拱处开槽。在槽中砌满第一道顺

134　砖，然后抹上灰浆，让砖在一瞬间形成一个整体，而无须其他支撑。在这第一道砖上再沿着曲线的轮廓砌第二道砖，注意不要对缝。由此一直砌到拱心石，只靠砖支撑的拱顶就这样形成了。它的厚度仅有一皮砖，却只有锤子能破坏它足以支撑任何荷载的坚固。不过，为了保证安全会在第一皮砖上再加一皮。拱段的外曲线由墙上的砖拱座加固。

以这种方式加固的拱顶是万无一失的，而且毫无侧推力这一点是极其实用的。这从它不需要厚重的支撑墙就能看出来。这些拱顶建在只有 4 英寸厚的隔墙上。这对于我们所有的教堂来说都是一大幸事。这种可以添加一切装

135　饰的拱顶能让我们省去厚墙的耗费，又可以摆脱扶壁的困扰。

这位向我们介绍了所有这些实用细节的作者还发明了不用一块木料建造砖屋顶的方法。他用这种方法在图卢兹为自己建造的房子太值得我们仔细学习了。是与拱顶相同的建造原理让他想出了用灰浆把砖连为一体的方法，从而做出可铺瓦或石板的坡屋顶。显而易见，这种屋顶必然会降低成本，提高坚固，避免火灾。

这种让建筑完全不用木料的方法，只有那些了解法国木材的价格以及各

136　种灾害的人才会赞赏。因此就十分需要对这种方法进行毫无偏见的研究。一旦公众说它好，工匠很快就会用它。

还应强调的是，不论建筑是如何建造的，只要想让它长存于世就一定不要破坏它的支撑。硕大的体量有时是名不副实的。人们以为它用料充足，即便拿走一点也无妨，结果很快就在建筑垮塌时后悔了。这种错误往往发生在

分离或装饰建筑的时候。卡瓦列雷·伯尔尼尼无疑是位大师，但他也犯了这种灾难性的错误。一种装饰的冲动让他鲁莽地挖空了支撑罗马圣彼得大教堂穹顶的四根巨柱。其庞大的体量看似用料有余，但事实却证明一分也不多。在改造之后，穹顶就出现了多处裂痕。此时只有想尽一切办法才能避免它的覆灭。我知道贝尔尼尼的追随者在不遗余力地为他开脱这个罪名。可不管他们怎么说，穹顶的裂痕是直到改造巨柱时才发现的，尔后愈演愈烈。这是他无可否认的。　137

　　建筑建成之后的改动总会有危险。应该相信建筑师是熟悉自己职业的，所用之物是建筑绝对需要的，所有的厚度也都是荷载的重量与特征要求的。就算这种信任是错的，也比损害建筑好。专家的报告也不可迷信。他们有的不学无术，有的还厚颜无耻地做伪证，说没有危险。因为建筑的损害非但不会让他们蒙受损失，还可以给他们发财的机会。

　　要杜绝这些在承包商看来习以为常的无赖行径，就必须让这些人深切地体会到责任是无法开脱的。因此必须通过立法，迫使他们自己承担修理建筑的一切费用，除非是超出职业能力以外的灾难，否则就得坐牢并没收财产。　138
这样才是最英明的。

第二节　论实用 139

　　建筑是为人居住而建的，也只有实用才会宜居。住宅的实用有三个要素：选址、规划和室内过道设计。

　　选址可以是开阔或封闭的。若是开阔就必须空气清新、视野良好。污浊的空气一定会影响健康；沉闷的视野会让人忧郁。所以只要有条件就一定要慎重地选址，保证健康的空气和赏心悦目的视野。空气只有在既不太干也不太湿的情况下才是健康的。过于干燥对胸肺不好，过于湿润会带来多种疾病。在山区则不必担心潮湿的空气，但那里的空气太过生硬。风如刀割，水源不足，还总要爬上爬下。这种选址显然有很多缺点。山谷和平原有柔润的空气，却十分潮湿。冬天大雾不退，夏天恶臭不散，还有蚊虫困扰。选址在这里也　140
很不便。健康的居所应高于平原之上，近无沼泽咸水，远有山林隔风，临清溪而绝水患。若再能俯瞰沃野万里，山峦起伏，此番视野定能令人心旷神怡，想入非非。令人惊讶的是，我们无所不能的君主却选择了自然中最乏味之地修建宫邸。凡尔赛宫虽靡费金银不惜一切装饰，却因为选址让人们心中充满忧郁。我看了那里的水，甚至担心空气是否健康。圣日耳曼堡(Saint-Germain)　141
更是令人目瞪口呆。它全无一点自然之物，若不费巨资本是可以建成一座迷人府邸的。

　　在选址这一点上，贝勒维堡（Château de Belle-vue）集中了所有的优点。

皇家府邸所需的一切雄伟与魅力在它这里体现得淋漓尽致。若要再锦上添花，只需将它的高地进行延伸，分别在默东市和圣克卢区两个朝向上形成平台。这样就会给它所有扩建的空间。在这个纵长的马蹄形平台上就可以布置怡人的花园和小树林。下层平台上可以做坡地花园，高高低低的地面会营造出最吸引人的变化。堡后可以植树，婆娑的叶影会让这优美的地方更加迷人。此外还可以开凿运河，把塞纳河水直接引到贝勒维。河道两旁可以做四排大树的林荫道，

142　形成通向荣军院穹顶的大视廊。运河两岸还可以各有一条从山脚到高地的路，保证平缓的坡度能让马车轻松驶上。采用这种布局的皇家府邸就像一面展开的扇子，成为与巴黎遥相呼应的绝好视点。巴黎与紧邻的皇宫在视觉上是互通的，节庆之时可共享欢乐。这种百事相宜的关系会让一切都变得便捷。

　　城镇的选址则不可能总有我所论述的优点。城址总会遇到难题：它不能过大，也不能用绝对规则的形状。唯有街道和居住区可以自由选择。在这一点上，至少要选择最清洁、空气最好的居住区，以及最宽阔、布局最佳的街道，好让交通便捷，空气能自然净化。简而言之，实用就是要因地制宜。那里必

143　须有水源，并保证生活必需品的供给，同时远离噪声，出入方便。窗户也要充分利用，而窗前没有空场就会很难。我之所以提出这一切就是希望指导那些可以实现它们的人，因为那并不是每个人都能做到的。

　　一旦选址确定，就要考虑建筑的朝向，也就是说找到防寒避暑的最佳方案。笼统地说，东西朝向是不舒服的。夏季的曝晒可达半日之久。朝北太冷，而且总会潮湿。朝南则是最理想的。冬季有温暖的阳光，而夏季的日照又恰被墙挡住，不致太热。然而，每个国家都会有些地方狂风不止，暴雨连绵。一个舒适的住所要避免朝向这些地区。朝向还要取决于气候等其他因素。这些

144　是建筑师不应忽视的。

　　在有利的选址之外，对建筑的实用最重要的就是室内外的规划。室外规划包括入口、庭院和花园的布局。如果连一个可以方便马车进出和转弯的庭院都没有，建筑就不会实用。没有花园也是非常不实用的。城镇中的花园若是有清新的空气和优美的绿化就会非常舒服。假如足不出户就可以随时便装散步，既没有外人打扰又能尽赏怡情之景，那就是一件锦上添花的事了。只要场地能同时容下庭院和花园就应该二者兼有，并尽量让花园朝向不会被街坊干扰的一侧。要实现室外设计的实用就需要满足以下几点：(1)正殿要放在庭院的远端，且朝向花园；如此即可免去噪声的干扰，并有充足的空气和

145　阳光。(2)通往街道的主入口应在庭院的中心。正殿和花园的入口则要在与之对应的位置上。这会决定出入的方便。(3)主庭院的旁边至少还应该有一个院子，用于收集马厩、厨房和所有房屋的垃圾。这个马厩院必须有独立对外的出口，这对卫生和空气的清洁是至关重要的。(4)主殿的楼面应比庭院和花园的铺装高出若干踏步，这是防潮所必需的。

在实际中有一种与我所说的主殿入口相反的做法。很多人不想再把入口放在正中，因为他们认为这会让最好的房间成为一个穿堂而过的门厅。所以他们把入口放在一角或者侧楼上。这个想法实在令人惊愕。它太不实用了，外人进入这个庭院就不得不问房子的入口在哪。一旦把门厅放在角上，就必须对称地在另一角上放一个同样的入口。如此一来，人们就会不清楚哪个是真门，哪个是假门。毋庸置疑，相对于在正殿上做一个与面宽等长而没有门厅的套房来说，这是不实用的。我承认这个优点是很有吸引力的。但结果是，花园的入口就会非常别扭。要么从中间穿过套房才能进入花园，要么从角部直接进去。我要说，这样一来庭院角上的入口就会很丑。它意味着空间紧张，不得不用原来的门厅扩大套房。此外，由于门厅自身的功能是整个正殿的公共出口，它一般的位置就在与各个部分等距的中心上。

凡尔赛宫的入口设计毫不经心。站在庭院里就会在远处的正殿上看到三个大洞口。如果以为这是通往宫殿的入口便大步上前，到了那里就会发现要进入一个门厅往下走，却到不了任何地方。虽然面前就是花园，若是要去套房就得四下找门和楼梯，可那都没有。因此要是没有向导，就得花很长时间才能找到入口。

室内布局比室外更能影响居住的舒适，且需要无微不至的考量。假如入口在中间，正殿的楼面在地面以上，那么台阶就必须在入口处就一目了然，并且不会挡住其他地方。正确的位置是在门厅旁边，有可能的话最好是左侧，因为左脚先上比较自然。台阶置于正中且正对入口大门时会带来诸多不便。卢森堡宫就是一个证明。它笨重和采光不足的缺点暂且不谈，台阶一直做到门厅的位置，达到花园大门的高度，还有一个连接庭院和花园的矮小通道。要让居中的台阶不影响其他部位就必须有两跑，分别在入口大门的两侧，然后在门厅与花园之间的客厅的门上方由一层梯台相连。这样的台阶是极好的，不但十分舒适，而且可以用于王府或皇宫。在不甚豪华的其他房屋上，单跑的台阶就足够了。其最佳位置我已指明，让它既不会遮挡也不会被遮挡。一个舒适的台阶需要（1）让各跑在一条直线上，（2）踏步宽且矮，（3）有间隔的梯台，（4）整体采光充足。曲线梯段总是不好的，因为踏步一头宽一头窄，人不得不小心地迈大步。过窄的踏步令人害怕，而且在下楼时非常危险。圣叙尔皮斯教堂大祭坛的踏步就证明了这一点，不止一位牧师在那感到头晕眼花。过陡的踏步容易让人疲惫。没有梯台的长梯段同样不方便。全无间歇的踏步在下行时令人恐惧，而在上行时耗费体力。台阶也是房子里最需要采光的地方，因为迈错一步就会有很大危险。我所描述的台阶是在内廊式正殿里的，也只有这样的正殿才是舒适的。

大套房至少要有前室、会客室、卧室和内室。所有这些房间都必须朝向花园，且相互连通。在内廊式正殿的正面必须是餐厅、衣橱、更衣室、浴室和厕所。我在这里只提那些必要的房间，因为它们是舒适的要求。餐厅必须靠近后勤和厨房。这两种房间只能放在主体的侧楼里。地下室太黑太潮，很难打扫，因此只能用作酒窖或木料仓库。衣橱和内室要靠近卧室。为了避免异味，如厕要不为人知。其他的套房要有前室、卧室、内室和衣橱。关于大客厅、展廊、书房我便不再多言，它们只出现在显贵的豪华建筑中，所以要和居住的套房分开，不过也很容易布置。

要保证套房的舒适，以下几点是必需的：（1）门的数量不要过多，以免造成过多的气流，或是给装修带来很大困难。门要靠近窗，有两扇。开启时不超过墙厚，关闭也很轻松。（2）窗不要做窗台，直接落地。这样就会有充足的采光。当人坐下时也能将窗外的花园美景尽收眼底。和门一样，窗在开启后也不应超过墙厚，关闭轻松，严丝合缝。（3）壁炉不应正对门窗，并尽量避免烟尘。（4）床要放在大壁龛里，这样的围合空间会更温暖。另外，有壁龛把床和房间隔开时，卧室的装修就更轻松更美观。如果壁龛两侧各有一道通向衣橱的门就再舒适不过了。

要舒适地生活，最好楼上不住人，也就不需要爬楼。大城市的土地很珍贵，不是所有的住宅都能做成单层。唯有王公能住进宽阔的房间，而不必为爬楼和上层住户担心。皇家府邸没有这种条件是不合适的。君主府的首层是什么人都能去的么？国王在家要上楼合适么？那为什么要给他建多层住宅？对于平民则不然。有限的地块使他们不得不住进楼房。不过在这样的限制下也要非常小心，不要让上下层套房的卧室在同一位置，而是在其他不会影响他人休息的房间上。

在设计建筑时，建筑师必须考虑整个场地，不要遗漏任何地方。即便他的布局很独到，也可以在不规则的空间中进行发挥，巧妙地让最小的角落变成亮点。公平地说，我们艺术家的设计已是炉火纯青，知道如何在小空间里多做住宅，如何为住宅提供各种舒适条件。他们在这种设计上的技艺让小套房风靡于世。这种风尚并不是糟糕透顶的。不过，太过泛滥就是危险的，想想从今往后显贵们都住在迷宫般的小房间里会怎样。小套房只适合小成本，而大房子则不合适，那不过是一种诡异的幻想。

最后，室内过道设计对于住宅的舒适也是很重要的。这一点我将不再展开，我们的建筑师已经做得很出色。过道连通着套房内外，可以避免流线的迂回，方便后勤和其他仆人房的交通。这样就可以随时更衣，而不用担心打扰别人或是被打扰。这些就不再赘述了，只需知道过道是建筑师在套房设计中绝不可忽视的。

第三节　如何实现建筑的得体

得体要求建筑恰如其分地体现其所应有的形象，也就是说建筑的装饰不能随意，而要与住者的层次和特征以及设计的目标相符。首先，让我们把公共建筑和私人住宅区别开来。

我所谓的公共建筑是指教堂、皇宫、市政厅、法庭、医院和宗教建筑。教堂的装饰怎样也不为过，那是神祇的所在。所以应赋予它彰显崇高的华丽形象，而不会有过饰的风险。可以认为，我们的教堂越是华丽，就越符合得体的要求。不过有一点要注意的是，并不是每种装饰都适合我们的教堂。不能有任何亵渎、怪异或粗鄙之物。有些建筑师不假思索地给教堂的楣饰加上了异教祭祀的内容，或是诡异的怪物。这乃是对得体法则的罪行。教堂的一切都必须纯粹、雄浑、庄严、肃穆。什么也不能干扰虔诚的信仰，而要让心中的圣火常明。裸体像严禁出现在绘画和雕刻中。有的甚至出现在祭坛之上，简直不堪入目。巴黎圣母院（Notre-Dame）的乐池或许是得体体现得最严格的地方。这件至高无上的装饰是高贵、纯粹而虔敬的。我只有一点意见：后堂里的圆柱毫无理由地被大方柱代替，使原本的轻柔变得生硬。

尽管教堂需要华丽，却不能有一丝浮华。每当我走进荣军院的大穹顶时就会对这杰作赞叹不已，虽然它在建筑上也不是完美无缺的，但毫无用途这一点却让一切黯然失色。我先看到一座完整的教堂，而在主祭坛之后又是一座教堂，还装饰着大量绘画、大理石、雕刻和镀件。当我问起与之相应的大穹顶和其他东西有什么用时，竟无人回答。我只能看到一个伟大君主的臆想，他想创造一件美的作品而不清楚自己要什么。这里只有一种方法能挽回得体：将这华而不实的教堂尊为我们君主的皇陵。这个设计会让这座神庙成为名副其实的陵墓，而所需的形状已然具备。如此一来，我们君主的骨灰就可以与那些永垂不朽的英雄并列。这座陵墓将把他们供奉一堂，成为他们丰功伟绩的纪念碑，并让圣德尼教堂里凌乱的小坟墓相形见绌。我所提出的方案若是被接受，就不必再建一座陵墓，而穹顶大厅本身就是。所需的只是在中间挖出一个地下墓室来存放棺椁，就像圣德尼教堂那样。穹顶正下方的亡灵像将再合适不过了。

皇宫要气势宏大，富丽堂皇。外有华丽的装饰，内有耀眼的装修。室外是宽广的大道和开敞的庭院，室内是大堂、展廊和连套房。对于完全挡住了卢浮宫优美立面的杂乱无章的小房子已是全国热议的话题，在这里就没有必要重复了。只希望有朝一日，宫殿建成之时能把堵住了入口和道路的房屋一举拆除。杜伊勒里宫的情况也类似。通往宫殿的大道糟糕至极，甚至可以说那根本就不是一条路。人们要从一条条小路中穿过才能来到一道小门，里面是一个小院，就像中产阶级的花园一样是素围墙。那些修建了杜伊勒里宫与卢浮宫之间长廊的人自以为创造了奇迹：结果现在只不过是连通巴黎与这些宫殿的小路而已。凡尔赛宫有优美的大道和开阔的庭院，但朝向这些庭院的外装饰根本不适合一位法国君主。这些装饰毫无华丽之处，也没有任何吸引人的地方，甚至错误百出。所谓的大理石庭院在哪个方面都是平淡无奇的。

156

157

158

159

160 这砖砌的房子、墙前的胸像、侧楼上粗糙的门廊，还有镀金的无用屋顶都是些什么？这一切的品位都很差。院子的大小也与皇宫的地位毫不相称。路易十四这位气势恢宏的君主，若不是心中对父王故居的崇敬胜过了一切，是绝不会容忍它的存在的。

要给宫殿的这一部分真正高贵的形象，就需要有高低不同、形式各异的飞阁组成的立面。椭圆形或混合形平面的侧楼上的柱廊可以连接各座正殿。透过门廊形成的花园通景将带给庭院令人惊叹的优美与轻巧。它还要有很多

161 不可企及的东西。不论怎样的方案或怎样的开支，都无法通过一次简单的改造在凡尔赛宫的内院创造出壮美的东西。室内也好不到哪里。很费劲才找到通向套房的楼梯之后，看到的既不是门厅也不是客厅，而是两三个小房间。由此从角上进入以顶窗采光的前室，也就是君主的前室。再往前就是卧室和内室。这里的连套房又被打断，在转过侧楼的一个直角后延续。走过了这一切之后，人们会说：我对世界上最伟大的君主府很不以为然。随后你会追问人们议论纷纷的著名镜厅。若是想走捷径，有人就会为你打开半扇镜子，然后你就会不知不觉地进入镜厅。可你要是想从主入口进去，就必须下去，然后穿过庭院，再上一座楼梯，和之前的情况一样奇怪。上去之后来到的不是

162 门厅，而是大套房的中间。从那里穿过大小各异的几个房间，最后来到华丽的客厅。那才是镜厅的真正入口。

最近使节楼梯被拆除了。这会怎么样？整个宫殿现在都没有楼梯了，举行仪式时从宫廷下到礼拜堂只能走国王厅侧面的两条拥挤的通道。在哪能放上便捷的楼梯？我这里有一个想法。可以在室外建一个马蹄形的台阶或是两跑的楼梯，那可以从小庭院上到赫拉克勒斯厅。它朝向庭院的三扇窗户可以改造成朝向这个楼梯的三道门。地面层上，要在两跑之间留出马车通道。我为一个大错提出了小小的解决方案。尽管这个楼梯没有在它应该的位置上，但它带来的便利也是不可或缺的。

163 凡尔赛宫虽有华美之物，但没有一座建筑不是错误百出。只有开阔的场地与琳琅满目的珍稀物件使它与王者的地位相称。这座高贵宫殿里的每一件杰作无时无刻地激发着外行的好奇心。能拥有这无数珍宝的地方世上再无第二处。遗憾的是，它在行家的眼中却是不完美的，那些建筑所表现出来的优美因为数不清的瑕疵而令人叹息。这就是人造之物永远不可摆脱的遗憾！

市政府大楼、法庭、广场建筑和其他类似的公共建筑只需一定程度的华丽即可。对于巴黎市政厅我将一言不发。刚刚通过的新建决议就证明了老市政厅的缺憾已是不可再回避的问题。所谓的大殿除了宽敞之外一无是处。不论室内室外，它只不过表达出人们对一个方方面面都值得尊重的地方的幻想。

164 我们的广场都缺少应有的雄浑气魄。对于最开阔的皇家广场，假如能打开在中间像花园围栏一样的铁栏杆，假如四周连修道院回廊都不如的矮门廊能用

砖砌上，假如挡住两个主入口的楼阁能拆掉，假如四角能用大道打通，那它就可以成为一座优美的广场。而现在的样子只能算是一座中央有花园的庭院。胜利广场虽然是最小的，却因有无数大街而成为最美的一个。路易大帝广场以其严谨的对称和丰富的建筑被世人称道。而以我在第一章中阐明的原则来看，这个广场周围的建筑却是可圈可点。另外，这些建筑的装饰没有任何变化。广场本身就像一座孤零零的庭院，没有直通的街道，四面又很封闭。人站在中间会全然不知出口在哪。一座优美的广场应该是社区的中心，人们从那里可以到达各个居住区，又可以从各地汇集到这里。因此就要有多条街道通向广场，就像通往交叉口的林间路那样。门廊是广场应有的装饰，如果再有高低错落、形式各异的建筑就是完美的了。对称是必要的，但一定的变化也能丰富效果。我们很少有优美的喷泉。著书之人已把圣婴喷泉作为首都的一大奇观。它雕像的工艺确实堪称精湛，但谁又会认为一座在壁柱之间开窗的方形高塔是适合喷泉的？格勒内勒大道会好些么？我承认那有美丽的雕像和上乘的大理石，还有祭坛屏。而让我惊奇的是，下面的流水出自一个喷泉。布沙东（Bouchardon）的旷世奇才与雄心壮志不必多言。若说我们的雕刻在万国之上，那就要归功于这位新时代的菲迪亚斯（Phidias）。他本可以为这座喷泉创造出一件不朽之作，而我只能说这是蠢材的设计加上天才的技艺。他本可拥有更好的地位，但自由的创意不属于他，因此总是不可避免地屈从于鄙陋的设计。意大利人在这方面要比我们强。罗马可以让人培养出良好的喷泉品位。那里的佳作数不胜数，千姿百态，个个都有一种妙不可言而又令人痴迷的真实与自然。还有什么能像纳沃纳广场的喷泉那样让人愉悦、那样高贵、那样有特色？我们真是望尘莫及。

雕像是广场最常见的装饰。广场比其他任何地方都更适合树立我们明君不朽的纪念碑，但要求每个纪念碑都有一个广场就不合理了。我们曾见过鲁莽的人建议推倒八九百间房给路易十五的雕像做广场。君主英明地回绝了这个破坏首都的方案，比起赶走 3000 名市民他宁愿少给自己的雕像一点空间。方案随即被修改，但广场依然保留。人们还是认为君主的雕像不能没有这种昂贵的陪衬。我听说要在旋转桥与香榭丽舍之间布置一个广场。我毫不怀疑大量的金银会堆砌出一个漂亮的东西，但事实上不过是乡野之间的广场，而这也足以让它成为笑柄。为什么呢！广场是雕像所必需的么？新桥上亨利四世雕像的位置难道不是胜过了一切？将万民爱戴的诸位先王的雕像汇集在新桥会有什么问题么？依我看，不需要多少花费就可以在桥上分间隔做出大台座，并将雕像立于其上。这样的装饰将让它成为世上最美的桥，完美地立于城中心最耀眼的地方。若是还有人坚持给每个雕像一个新广场，那就只能二选其一：要么减少巴黎的人口，要么每建一个雕像就扩大城市。罗马人要比我们聪明。他们的雕像远远超过我们。对于这些尽善尽美的作品，他们都是

165

166

167

168

自由放置的，而不会打扰任何人。

169　　对于日见增多的雕像还应该提高设计的多样性。骑马像已有三尊，统一性是够了。而只有胜利广场出现了一种不同的类型。日后需要我们的雕刻家有新的创意。让雕像成组出现可以有效地避免重复同样的设计，尔后就可以赋予这些纪念碑生动的造型，而这是它们普遍缺乏的。我不敢说现在雕像的服饰是最合适的。误导后世怎么可以？为什么要给我们的英雄披上不属于这个时代的衣服？假如罗马人也有这种诡异的做法，我们会多么不满。篡改我们的国家在后人眼中的形象是不诚实的。亨利四世的雕像就没有这种错误，即便不是罗马服饰也值得敬仰。

　　医院要坚固而纯粹。再无其他建筑更能体现繁缛与得体之间的矛盾了。
170　贫民的建筑也要表现出低贫。新建的济儿院比起医院来更像一座宫殿。如此的奢华不是因为善款充裕就是由于滥用资金。因此这就是不合理的华丽。这座医院礼拜堂的装饰乃是无上的精品。一个至善的理念以新颖的手法得以实现，但一座建筑上过多的美无法唤起人心中的善念，因为追求奇异的心会占据一切。贫民就住贫房，干净舒适，但不可炫耀！

　　神学院与世俗建筑也是如此。这种建筑的立面必须体现与住者地位相符
171　的朴素。一切奢靡的开支、单纯的装饰都必须摒弃。对得体略知一二的大众看到这奢华的立面装饰在充满玩世不恭与嫉恨的房子上时也会发出慨叹。

　　至于私宅，得体的要求就是它们的装饰必须与房主的地位和财富相称。在这方面我只有一点要说，希望人人自重，不要只以住宅内外的奢华去攀比甚至僭越国君或伟人。我承认建筑师并不总能遵照我所说的得体。个人的虚荣为他们划定了道路。即便如此，往往还是建筑师来根据建筑的得体要求决定设计的繁简。在被问及时，建筑师必须给出最合适的方案。建筑师若是爱惜自己的声名，就不会用炫目的设计来满足不配享有华丽却又一意逾矩之人
172　的虚荣心。建筑师要因人而异，以自己的判断调整方案。决不可忘记的真原则是，美的建筑没有恣意的美，而是因地制宜、恰如其分的美。

第四章　论教堂建筑的风格

在所有建筑中，教堂是建筑师大显身手的最好舞台。教堂容纳着各类祭品以及礼拜用的上帝像，所以建筑师可以在教堂上充分施展才华，而不必担心自己的设计会过于华丽。但令人惊讶的是，很多其他类型的建筑作品备受尊敬，却鲜有教堂受到仁人志士的青睐。在我看来，这类建筑的正确风格时至今日也没有形成。哥特教堂仍是普遍认可的。虽有怪异的装饰，它们却能以雄伟的气势震撼人。我们可以看到的是流畅与优雅，而所缺的是纯粹与自然。

我们斥责哥特建筑（现代建筑）的鄙夷，但仿佛又在回归古代的道路上丧失了出色的鉴赏力。离开哥特建筑师我们就抛弃了优雅，回到古代我们又遇到了笨重。之所以会这样是因为我们还在半路上。在两种风格之间徘徊不前的结果就是一种半新半古的建筑，让人不禁又怀念哥特建筑。下面一个简单的对比就能让我们看清楚。

巴黎圣母院是最伟大的哥特建筑，虽然不一定是所有省里最好的。尽管如此，我的心在一瞬间就会被它俘获。那庞大的体量、惊人的高度、中殿里一览无余的视野超越了我的想象力。片刻间我仿佛迷失在它的雄伟与壮丽中。稍稍定神之后，我便仔细考察它的细节，发现了无数奇怪的地方，但我想那都是时代的错。细察完毕，我又回到那令我肃然起敬的地方。中殿在我心中恢宏的印象让我不由得慨叹："多少谬误，又多么伟大！"随后我又去了圣叙尔皮斯教堂，那是我们用古代风格建造的最杰出的教堂。可它既没有触动我的心，也没有刺激我的眼。这座教堂根本名不副实。除了厚重的体量什么也没有。沉重的拱券架在沉重而粗糙的科林斯壁柱上。顶上还有沉重的拱顶，让人不由得为如此沉重的支撑担心。对于挡住教堂主入口的照壁我能说什么呢？它是一件优美的建筑小品，但就像大房子里的小房子一样怪异。正立面我该说什么呢？那是一个未能实现的绝好设计。塞尔万多尼先生(Servandoni)与完美只差一步了。为了立面的效果，双柱不应放在进深方向上，而是面宽方向。主体上楣部的巨大多立克檐口易受风雨侵蚀，应加以弱化。首层独立柱式应该在二层上重复，这至少能让建筑不那么难以入目。塔最好与立面中部分开，形式也不要太生硬。对于这难逃鉴赏家诟病的建筑，我就不再多说了。虽然著名的朗盖牧师（M.Languet）的虔诚和善心是不朽的，但我还是要向后世证明，这不是一个好建筑的时代。

我们所有的教堂几乎都是同一个风格，都有壁柱、拱券和拱顶，多多少少有点沉重感。它们都缺少真正的优雅和雄伟。因此我要说，对于这类建筑我们还没找到正确的道路。在这里我将描述自己长久思考与钻研的结果。我的理念要好于现实中的一切，就让鉴赏家和艺术大师为我评判吧。

177　　对于教堂，我们至今所做的仅仅是在抄袭古人的哥特建筑，做和他们一样的中殿、侧廊、十字部、乐池和圆形后堂。他们做拱廊的地方我们也做。他们怎么布置窗户我们就怎么布置，只是做得没有他们好。唯一的区别是，我们现代的教堂可以证明建筑的错误，以及哥特教堂的一切都是有瑕疵的。我们批评其拱顶的高度，但高耸对于建筑的雄伟是十分重要的。确实，如果我们按照今天的法则就不会做出同样的立面。它们会显得过矮，无法给人留下满意的印象。

　　我用将古典建筑的正确风格设计教堂，并试图找到一种可与华丽的哥特教堂媲美的轻巧立面。反复探索之后，我发现这不仅是可能的，而且采用希178　腊建筑要比繁缛的哥特建筑更容易。独立柱可以带来轻巧的效果，而重叠两层柱式就可以实现所需的高度。

　　以下是实现我这个想法的方法。让我们选择最常见的形式，拉丁十字。我在中殿、侧翼和乐池都布置上一层有矮座的独立柱式，并做成像卢浮宫门廊那样的双柱，以增大柱间距。在这些柱子上，我会做一个平额枋，端头有微微出挑的蛇曲线。在此之上是第二层柱式，和第一层一样是独立的双柱。第二层柱式有完整的平楣部，上方没有任何阁楼，而是不带横肋的素筒拱。然后，在中殿、十字部和乐池做出列柱廊，让它的平天花落在第一层柱式的179　额枋上。在这个列柱廊以外是开口与柱间距等宽的礼拜堂。礼拜堂为正方形，四角有柱支撑着额枋和平屋顶。每个礼拜堂都是两面通透、两面封闭的。通透的两面是只有一道格栅的开口和全玻璃的墙面。另外两面是礼拜堂的隔墙，分别布置着祭坛和与之等大的绘画或雕刻。最后是支撑大拱顶的飞扶壁。它下面立在礼拜堂的隔墙上，上面靠在第二层柱式柱头的上方。

　　这就是我的设想。它的优点是：（1）这样的建筑是完全自然和真实的。一切都归于纯粹的法则，并按照大的原则实施：没有拱廊、没有壁柱、没有基座，没有任何笨拙或受限的地方。（2）建筑整体极为精致典雅，不露素墙，180　不浮华、不臃肿、不突兀。（3）窗的位置是最佳最合理的。上下所有的柱间都做玻璃窗。没有普通教堂拱顶上的素月窗，而是普通的大窗。（4）重叠的两层柱式让中殿、十字部和乐池显得十分雄伟。它的高度没有突破常规，也不需要超大尺度的柱子。（5）拱顶为筒拱，在这样的高度上全无沉重感，尤其是因为没有在视觉上沉重的横肋。（6）在这座建筑的轻巧、纯粹、精致和高贵之上还可以增加雄伟与华丽。所需的就是给各个部位加上好品位的装饰。即便是素拱顶也能作为展示大幅绘画与雕刻的背景。所以它在每个方面都胜过普通的建筑。再让我们看看它的不足和问题。

平楣部早已不是问题。我已经说过，只需看看凡尔赛宫礼拜堂开间的直 181
线脚，或者卢浮宫门廊的楣部即可。这两个实例就可以让问题迎刃而解。

《驳建筑论》的作者认为凡尔赛宫礼拜堂什么也不能说明。"睁开你的双
眼"，他说，"看看这些立在地下拱廊之上的柱子，就会知道它们是坚固的。"
我要反问他的是："既然礼拜堂的地面是个最大的败笔，那么用柱廊的地板挡
住它，让君主厅到管风琴一路的高度都相等，礼拜堂会不坚固么？"当然不会。
既然这样，如果柱子下面需要这样的结构，那我们只需要在教堂的地下室建
造一个。

或许有人说，仅凭柱子无法支撑教堂的大拱顶。我的回答是，这完全是
一种错觉。如果拱顶的厚度适中，柱子上的荷载就不会过重。而且为什么要
那么厚呢？拱顶的侧推力可以由飞扶壁抵住，就像哥特教堂那样。因此，我 182
看不出有什么不可能。现在已经有很多教堂的主拱顶就是只靠柱子支撑的。
巴黎圣母院的一切都立在素柱上，并以此形成了侧廊的列柱廊。这些柱子的
比例真的很糟，而且这种刺眼的错误也没有增加它的坚固。况且还有很多哥
特建筑的支柱高度都超出了相应的直径。的确，眼睛在看到柱子不够坚固时
会让人恐惧，但比例正确的柱子也会这样么？索邦（Sorbonne）教堂朝向庭
院的门廊的柱子非但不刺眼，还会让人肃然起敬。此外，柱子的模数是可以
随意增大的。既然比例是不变的，效果就是一样的。

有观点认为，筒拱不可能直接立在第二层柱式的平楣部上。我要说的是， 183
拱顶根本就不用立在楣部上，它可以由柱间的矮拱支撑，留出很小的空隙，
以后也很容易填上。还有人认为，这种做法太贵了。我的答复是，它耗材少，
用工多。所以工匠必须技艺精湛。天赋与雄心兼备的建筑师能够轻松地克服
这种困难。他会仔细监督，准确地为工匠指明工作。工匠则一丝不苟地完成
任务。若要创造的是旷世杰作，那就一点也不要考虑增加的成本。前人要是
想到了钱，那就不会有亚眠、布尔日、兰斯的教堂了。艺术的伟大追求是不
遗余力地创造完美。

我欣喜地看到，所有人都对我所描绘的方案表示惊喜。它的纯粹、自然 184
与优雅让无数人渴望看到它建成。不过这其中困难重重。倒不是说无法给这
样的建筑足够的坚固。我在后记中已经说明，在这一点上建筑师是杞人忧天。
但实现这一愿望有两个不可逾越的障碍：思想的偏见和双手的习惯。有些人
以为，他们来到这世上就是为了驾驭他人，向他们提出新的建议就是要凌驾
于他们之上。要改变这种人的想法比登天还难。单靠理性无法一下子克服无
知的偏见，被迫低头的难堪，以及在自认为已学通古今时接受新事物的屈辱。
这一切的结果就是骄傲酿成的偏见，用自负的固执抵抗任何理性——单纯的
愚昧都不致如此。因此，首先就要打消工匠抵制新做法的念头。没有鏖战谈何 185
凯旋。他们不会放下错误，走向真理，而是不断地制造困难，一点点抗拒理性，

却绝不低头。惟有时间与反省能扑灭狡辩之火，让人重归理性。要走出泛滥成灾的盲目偏见需要赤诚的心。

即便在偏见退去之时，双手的习惯还未改变。这第二道障碍总会影响成功。让工匠实现从未做过的东西绝非易事。他们的心在抵触，脑子发昏，双手也不听使唤。要靠世人罕有的热情与耐心才能让工匠走出成规，踏上崭新的道路。此外还得忍受他的抱怨，与他反复争论，平息他的怒火。15 世纪的建筑师就

186 是在战胜了这样的困难之后才推翻了哥特建筑，并在它的废墟上重新建起古代的秩序。要挣脱偏见与习惯的枷锁，就得有伯鲁乃列斯基（Brunelleschi）[①]或伯拉孟特（Bramante）这样的大家。

我们常规的做法是在教堂的末端做圆形的后堂。这里要研究的问题首先在于是否要保留这种做法，它究竟有多实用，以及是否符合正确的法则。圆形后堂是喜闻乐见的——但它的用途是什么，又代表什么？对于长方形的平面，比如我们的教堂，曲线与直线相交的各种问题是显而易见的：（1）后堂

187 的曲线与后厅的直线相交的地方总是不和谐。如果按照法则让这一点正对柱中心，那就会有一半的柱子错位。（2）侧廊绕过后堂的地方必然成为圆形平面。这样人在侧廊就无法直接看到头，因为远端的圆形平面会扰乱视线。（3）回廊的天花不再是方形的，而是不规则的。两侧是不平行的直线，而另外两条边是同心圆的弧。我已经强调过，建筑中这些不规则形是要极力避免的。（4）回廊的柱间距会不相等，而这是最糟糕的。相反，若都是直线就不用担心这种问题了。

我看不出圆形后堂有什么优点能让人对它的问题视而不见。人们说它的

188 形状优美，让教堂的后部生动优雅，所以在建筑师中备受欢迎。我承认，一般来说圆形平面没有直线平面那么生硬。圆形本身就比方角优美，但关键是要用得好。如果它会给设计造成不便和混乱，那就是不可接受的。正如修辞的语句，一旦用错就毁了全文。

我已思考了很久，能否既保留这个优美的后堂又不出现我所指出的问题。结果是这样的。一个简单的方法是，不要让侧廊绕过后堂，而是在圆形后堂起始的位置以长方形终止。如此一来，就只有一个圆形平面，其他的同心圆

189 都没有了。这在古代教堂中很普遍。它的一个优点就是圆形后堂可以做顶天立地的玻璃窗，赋予它无与伦比的轻盈与通透。我想到的第二种方法是没有实例的，那就是用侧廊的列柱以直线绕过中殿，并跨过后堂。这样后面的圣室就会以半穹终结，而它的柱子则不同于列柱廊。这个方案可以避免圆形后堂的大部分缺点，但也会带来一些新问题：（1）这个圆形后堂里的柱子会十分混乱；（2）半穹的圆形额枋与侧廊的长方形额枋会有矛盾；（3）在半穹与

190 侧廊列柱之间会出现以弧为弦的直角三角形空间。

---

① 伯鲁乃列斯基是第一位通过研究和测量古迹让多立克、爱奥尼与科林斯柱式得以复兴的现代人。

所有这些考虑让我得出结论，最好还是放弃圆形后堂，让乐池以直线截止。倘若有人坚决要做圆形后堂，那我认为在平面上让乐池和侧翼都到圆形后堂为止的感觉很好，就像罗马圣彼得大教堂那样。

我之前说过，穹顶的使用必须严加斥责。今天的穹顶违背了建筑的一切法则。假如想让十字部的拱顶最高，可以用穹顶的形式做一个与拱顶类似的精美华盖。这样就不需要柱了，也不用任何立在基础上的支撑。建筑师会一眼看出我这样做的原因。我的这个想法可以让天才的建筑师创造出具有穹顶一切优点、又没有其缺点的拱顶。比如可以用冠饰或抛物面的形式做一个矮半穹。然后用类似哥特玫瑰窗的镂空做法进行装饰，再赋予轻细的窗格自然而优雅的轮廓。这个内为矮半穹的穹顶在外观上仍可以是普通的穹顶。把这两种迥异的形式和谐地结合在一起是完全可能的。我承认这需要大量研究和思考，但发明穹顶的人不也是如此么？我希望我们的建筑师能摆脱成规。真正的声誉一定源自创新。惟有前所未见的创造才能证明他们的才华。倘若建筑师追随的那些大师也是亦步亦趋，那怎会有今天的建筑？

完成了教堂的室内，就只剩下祭坛的布置和装饰了。一种观点认为，要把主祭坛放在十字部的中央、穹顶的正下方，就像罗马圣彼得大教堂的华盖那样。对此我完全不赞同。这确实是最有利的地方，因为建筑各个部分都集中在这里，是所有人目光的焦点。但我不把祭坛放在这最显眼之处的理由如下：（1）很难想象有什么设计能让祭坛在十字部中间那样高敞的位置显得雄伟。比如圣叙尔皮斯教堂的主祭坛，一眼望去是多么渺小，而事实上它硕大的尺寸几乎没有给过道留下多少空间。如果把它往前放在十字部的中心则会更糟，而乐池的入口处还好些。罗马圣彼得大教堂就注意了这个问题，在主祭坛上增加了高大的华盖。但要采用这种方法就意味着在华盖之下立华盖，大屋子里放小屋子。（2）祭坛这样布置会将教堂一分为二，让视线无法自由通达。这严重影响了观众的愉悦。（3）这个位置让人不能看到圣典时在乐池里举行的仪式，也使得乐池中的人无法看到祭坛处的活动。这些依我看足以证明十字部中心不是主祭坛最合适的地方。我建议把它放在乐池的远端，并去掉所有的经台。它几乎挡住了所有大教堂的乐池入口，使它极不通畅。

因此，我要用一道简单的格栅围住整个乐池，毫不遮挡视线。座席将位于乐池前端的左右两侧。中间没有挡住圣室的讲坛。圣室会高出乐池地板几个踏步。我还要在圣室中间做一个若干踏步高的大平台，四面临空，让人可以自由行走。祭坛就在这个平台中央。显而易见，这种布置具备了可以想见的一切优点。祭坛在圣室列柱廊的环绕之下一览无余，展现出雄伟壮丽的气势。它的装饰风格可以既朴素又庄重。以下就是它的装饰方法。

祭坛最合适的形式是设计准确的棺椁，因为它代表的是教堂纪念殉道士之墓的圣迹。所需的只是在棺椁之上两层台的中间作为圣龛的灵罐以及两端

191

192

193

194

的礼拜天使。除此之外的一切都是多余的臆想。在这一点上，巴黎圣母院的祭坛可以作为一个典范。靠近祭坛的部分可以加上装饰，以烘托祭坛本身。圣室周围的柱间可以放上表现祭坛主题的大理石或青铜像群。中央两层柱式之间的额枋处做圣荣像，让成群的天使飞翔在三角形中心的上帝之名与万丈金光周围。圣室全部用大理石，所有雕像都镀金。最后，与这一切相配的巨大拱顶画将让它的装饰成就独一无二的完美。

我所描述的这种祭坛将以绝对的美呈现壮丽的一幕。仪式就会在众人的注目之下顺利举行。同时又没有虚假的装饰，它纯粹而真实的格调绝对是"好的建筑"。因此，我坚信它胜过今天我们滑稽的祭坛屏。那要么堆砌着散乱错位的柱子、龛、山花、卷边圆饰和基座，毫无设计和秩序；要么打乱和破坏了教堂的建筑整体感。

侧翼的尽端我不希望只是个大门厅。这两个地方不加以利用就太可惜了。我会在那里放两个祭坛，风格与主祭坛相同，但装饰要少一些。要是有人认为这两个地方的门作为圣礼日的出口是没有必要的，那我会说，人们沿着通向侧翼尽头的侧廊找到出口是很容易的。

祭坛的礼拜堂在设计上要有一定的统一性，但也不排斥变化。我没有什么特别要告诫我们艺术家的，希望他们能天马行空地创作，但一定不要让柱和楣部走样，而是保持清醒、真实和虔诚。

教堂的室内只剩下中殿的入口端需要讨论了。这个地方一般是管风琴箱，而这的确是最好的位置。但我不认同在此建造高坛的传统。这个高坛并不属于教堂或者根本就是格格不入，它只会打乱建筑整体的秩序。最好是在内门上方做一个由天使支撑的贝壳木雕，并在此之上做管风琴箱。这种凌空托起的感觉会十分轻盈。我所提出的这个想法还可以深化、修正和改进。假如管风琴箱的尺寸需要，还可以让底层门廊成为正门前的一道侧廊。这样在它上面就可以做一个足够大的高坛,高坛背后放管风琴箱。乐池的管风琴放在前面，其他地方是风箱。

我现在来说教堂的室外。最影响教堂外观的就是扶壁和飞扶壁。既然不能完全抛弃它，那就只好让人看不到。罗马圣彼得大教堂在建造时就注意了这一点。不论从哪个位置看，这个结构都被隐蔽得很好，让人察觉不到拱顶推力的效果。我们却好像从未想到这种合理的做法，它非常值得学习。不要把礼拜堂的外墙做到扶壁或飞扶壁的基础，而把它加高一层。如此一来所有的飞扶壁就都看不见了。但为了避免中殿的采光不足，上层的开窗面要与下层相等。当然，这会让人工和成本更高，但我要重申这不能成为扼杀杰作的理由。这些外墙的装饰必须非常朴素。我也不会在这里用柱式，因为在我看来让室内外的装饰同样华丽是荒谬的。况且，要在室外做出准确的柱式就必须更多地约束室内。自下而上，其实只需要一个台座、分隔两层的基座、顶上有栏杆的檐口，以及与下层相同的玻璃窗。依我看其他都是多余的，而这个朴素的装饰也十分得体。

正门的立面和侧翼两端的小门要有所不同。得体的要求是让上帝之殿的入口装饰一眼就能唤起信徒心中对神的敬畏。赋予教堂立面华丽的装饰已是常规，而过去的装饰已是无以复加的。所有哥特教堂的立面都能看到这种繁复的做法，但我不赞成以此为标准。让室外装饰的光辉胜过室内是说不过去的。一切都应有层次。室外装饰至多是华丽的室内的前奏，并让我们的敬慕在走进教堂时得以升华。这一原则来自真理与自然，就让我们的设计以它为指导吧。

200

装饰教堂主立面最好的方法就是建造与中殿和侧廊等宽、与室内侧廊等高的门廊。这个门廊支撑第二层柱式的一端为平屋顶。柱式与室内的一样，楣部之上有栏杆。如果教堂的屋顶高于第二层柱式，那就需要第三层。其宽度与中殿相等，顶部为山花。这要遵循我在前文中对多层建筑柱式的规定。这个立面两侧是前突的高塔。

先人在建造高塔上是十分出色的。他们能出神入化地把握其中的分寸，走向技艺的顶峰。他们掌握了将优雅的形式与精美的工艺结合在一起的诀窍。肥瘦适宜，刚柔有度，精益求精地实现了此类建筑的真美。斯特拉斯堡大教堂（Cathédrale de Strasbourg）的高塔是无与伦比的。这座方锥塔直刺青天，收分精准，造型宜人。比例丝毫不差，细节精致入微。我不相信哪位建筑师能有这样的大手笔。思路行云流水，工艺尽善尽美。这座美轮美奂的建筑可于巅峰之上俯瞰世间一切奇观。

201

我无心鼓动我们的艺术家靠模仿创造出可与之媲美的作品，他们会因此而绝望的。他们既无此雄心，也没有这样精湛的手艺。我只恳请他们想一想自己与古人在建塔上的巨大差距。比起那些雄壮不失优雅、高大不缺华美的古塔，我们的既沉重又粗糙，完全没有气质、新意和高雅格调。这种建筑的倒退真是令人难堪。让我们尽力矫正吧。

202

古塔的美来自三点：高大、方锥形和精细的工艺。这些我们的新塔都没有，所以在先人的作品前相形见绌。圣叙尔皮斯教堂两侧的塔虽耗费巨资，却是这样的效果！没有比这更生硬、更可悲、更难以入目的了。高度过低是显而易见的。塔不是方锥形，而是两个重叠的方块加一个穹顶样的东西。比例混乱，造型粗陋。那上面几乎没有半点工艺可言。每一处细节都那么硕大、粗糙、笨拙、乏味。谁能想到就连普通人都不喜欢这些塔，会对它们的效果表示惊讶？

要做得更好不是没有可能，用柱式就可以做出优美的塔。这就需要：（1）让各层收进，形成方锥的收分；（2）去掉下层的楣部，否则它的突出部分就会分割整体，在构成上散乱不和谐；（3）从第二层开始，塔身不再是正

203

方形，而用八角形，或者其他接近圆的形状，以避免正方形的生硬；（4）只用独立柱，使塔空灵剔透。卡瓦列雷·伯尔尼尼在为罗马圣彼得大教堂的立面设计双塔时创造了我所说的这种方法。若是真的建成，那一定会美不胜收。这个设计是非常值得研究的范例。

204   不用柱式，而是自由发挥或许更容易做出优美的塔。倘若有一种建筑可以让人抛弃常规、天马行空地去想象，那就是塔了。谁能阻止一位天才创造独一无二的杰作？只要不违背常识和理性，体量与高度相符，收分既不过大也不过小；那就可以尽情使用一切装饰手段。塔越是自由轻灵，就越能体现设计的一气呵成，也就越赏心悦目。像斯特拉斯堡那样华丽的哥特式塔是超凡脱俗的，可惜装饰一塌糊涂。让我们遵循这个理念，把怪诞的装饰换成真实、自然、原朴的。只要不超出合理的界限，即便是诡异的造型也能让我们创造出令人赞叹的优美作品。

在概括了教堂立面的总原则之后，我要说的是，如果需要雕像，就只应放在有基座的柱廊之间。若在大门以外的所有柱间放上多组雕像，让信徒来到主之圣殿时能在心中唤起崇敬、安宁、冥想和信仰就是最完美的。

205   如果不做雕像，也可以在柱间放同样题材的浮雕，将墙面完全挡住。上层的柱间应只做窗，不论是真窗还是盲窗。最多可以在山尖饰上放成组的雕像，并与门廊上层的栏杆相交。上层的山花一定不要在尖角里放各种姿势的雕像，尽管事实总是这样。没有什么能比屋顶上的雕像更荒谬、更不自然的了。最好在山花顶上做两个翱翔云间的天使，高高举起整个立面的最高点——十字架。

我还要提一提立面设计的各种变化。立面中间可以用一个圆形或者椭圆

206   的穹顶作为主入口。两边为圆形的门廊，将中间这个穹顶与两侧的塔连接起来。这个设计将完美至极。当然，每个艺术家都会按照自己的天赋和鉴赏力创造新的设计。我由衷地希望他们能摒弃成规，让自己的思想翱翔天际，创造出新的奇迹。

至此我只论述了常见的拉丁十字教堂。不过，在同一个建筑体系里是可以任意使用教堂形式的，甚至不用千篇一律的平面会更好。所有的几何形式，不论三角形还是圆形都可以为这种建筑的构成带来丰富的变化。毋庸置疑的是，如果巴黎这样的城市里没有同样的教堂，而是每座都有能吸引好奇之人和鉴赏家的特色，那该是多么美好。

《驳建筑论》的作者认为，我把三角形和圆形等所有几何形式都用在

207   教堂的平面上是错误的。他认为这种变化会带来可怕的混乱和无穷的闹剧和笑话。"看上去多么迷人，"他感叹道，"一座等边三角形平面的教堂！"看到这位批评家的所有反驳都刻画出一个惧怕创新、不敢创造的天才实在令我羞愧。在等边三角形平面上建造教堂是毫不费力的，而且它也一定会

引人瞩目。我的设计方法是这样的。在三角形内画一个圆，以此为底做穹
顶。在三个角上分别是三个圆厅，每个圆厅都是带祭坛的圣室。在这三个
立面的中间开门，让每个入口都对着一个祭坛。穹顶做两层，其余三个圆
厅只有一层。我要说，这样的方案室内外会同样精彩。现实中甚至会有需
要这种三角形教堂的时候。我对它只作了大致的描述，而其中的细节对于
了解建筑的人肯定不在话下。我还可以用这个平面轻松地做出五六种变化。　208
天才的建筑师在教堂的设计上会比我更得心应手，只要不是离经叛道的形
状就都能做得高贵而庄严。

第五章　论城市的美化

装饰的品位是没有界限的，艺术的进步也永无止境。它不能只停留在住宅上，而要拓展到整个城市。我们城市很大一部分都处于无人管理的混乱之中，这都是前人的无知和鲁莽造成的。尽管不断有新房建成，可街道糟糕的布局和不堪入目的随意装饰却鲜有改观。我们的城市依旧是一堆拥挤的房屋，不成体系，也没有规划。这种混乱在巴黎已是无以复加。首都的中心区三百年来一成不变。永远有数不清的蜿蜒小路，散发着污垢的恶臭，让马车堵作一团。周边的居住区则要晚得多，也没有那么糟。但人们还是会说，除了几座零星的建筑，巴黎在整体上绝对不是一座美丽的城市。它在尺度、居民的

数量和财富上超过了所有城市，却在实用、宜居和美观等方面比很多城市都逊色。它的大道是令人痛心的，街道狭窄，布局凌乱。房屋枯燥乏味。广场又少又小。几乎所有的宫殿选址都不好。简而言之，这是一座庞大而又混乱的城市。没有什么动人的地方。它只会让人大失所望，甚至还不如一些不怎么出名的城市。

所以，巴黎急需、也可以进行美化。为了赋予巴黎未来所需的一切美，我将在这里详细描述工作的原则和实施的方法。

城市的美主要取决于三点：城门、街道和建筑。

第一节　论城门

城门必须：（1）开阔无障碍；（2）数量与城墙周长相符；（3）足够雄伟。

城门是供城内外人进出的。为了避免拥挤，一切都要开阔无障碍。大道在这一点上是很必要的。我所谓的大道是通向城市的。城市人口越多，人流量就越大，大道也必须越宽。只在靠近城市时给大道留出足够的宽度是不够的，它的宽度必须有一定的距离，这样才不会在城门处拥堵。最近，

巴黎所有的大道都进行了拓宽，但略过了河上的两个十字路口，即塞夫勒桥和讷伊桥。那里时常会因交通不便而发生拥堵。连接宫廷与巴黎的竟然是两座既无装饰也不结实的木桥，而且桥的大门和桥面都无法让两辆马车同时通过，这是极其不合理的。它如此不便，会造成严重的事故，但却没人想到去纠正。

大道宽阔、转弯少还不够，大门和市内与之对应的街道也要这样。在大

城市的入口最好做一个大广场，并由数条街道构成一个扇形。罗马的人民大门就是这样的，巴黎却没有。圣安托万郊区（Fauxbourg S. Antoine）的入口用这种方法是很容易实现的，只是不应做在这一端。最好重新做一个整体规划，按照这种方法在巴黎的圣马丁大门（Porte S. Martin）和圣雅克大门（Porte S. Jacques）两座城门之间做一条穿城大道。大道两侧为放射状的街道，将中心区与各个重要建筑连接起来。

213

城的周长越长，城门的数量就要越多。这一点上通常没有什么问题，但需要注意的是让城门之间等距，以保证秩序和便捷。现实中由于需要出现了大量关卡，结果成了巴黎的出入口。可它们的间距莫名其妙地有大有小，这就形成了不规则的怪异城墙。设计时应画出一个大致规则的多边形，并禁止任何人突破它。一旦城墙建好，城市的大门和出入口就应该分布在多边形的各条边或各个角上。

214

大城市的城门必须雄伟壮丽有装饰。让那些关卡作为巴黎的城门实在令人感到羞耻。不论从哪个方向来到首都，最先映入眼帘的都是这一幕：可怜的木条栅栏挂在两个陈旧的合页上，边上还有两三堆垃圾。这就是令巴黎骄傲的城门。就连国内最小的镇子也不会有这种惨不忍睹的东西。穿过这些关卡的外人在听到"你已来到法国的首都"时会大惊失色。他们不敢相信自己的眼睛，以为自己还在附近的什么村里。要让他们信服还得下一番功夫。这一切都证明，像巴黎这样的城市，城门毫无装饰是不合适的。

215

这些关卡的位置应该建造雄伟的凯旋门，上面要铭刻先王的丰功伟绩。凯旋门是巴黎城门最合适的装饰。它们会让战绩遍布整个欧洲的圣君之都赫赫生辉。若说为万民的王公树立丰碑有困难的话，那还有什么能比壮丽的凯旋门更适合他们呢？它们以纯粹而自然的方式让他们的英雄事迹流芳百世，外人一走近城门就会目睹这一切。作为一个思想崇高、胸怀宽广的民族，罗马人就是这样纪念他们皇帝的，他们没有建造巨大的广场来放置一尊孤零零的帝王雕像。他们歌颂先王的手法更胜一筹：在城市的大道上建造巨大的拱门，以象征他们最伟大的战功门。我们要借鉴这一优秀民族的思想，赋予首都所有的城门罗马的气势。这种高贵的风格将为我们带来两大优点：雄伟的城门并不需巨资兴建，却是让外人折服的丰碑，还能彰显君王的荣耀，教化万代。

216

路易十四的圣明让所有艺术家的才华得以发挥。他非常清楚凯旋门的这两个优点，所以我们才有今天的圣马丁（S. Martin）城门、圣德尼（S. Denis）城门、圣贝尔纳（S. Bernard）城门和圣安托万（S. Antoine）城门。若不是雅致的格调在那以后被抛弃或走向没落，我们今天首都所有的大道上都会有高贵的装饰。

凯旋门有其独特的风格。它需要雄壮的比例，简洁而雄劲的装饰，还有

硕大的体量。圣德尼城门在我看来就是这样一件杰作。它那半圆形拱有着令
人叹为观止的跨度和雄伟的立面。什么也没有它的装饰更精致。什么也没有
它的雕像和浮雕更遒劲有力。什么也没有它的楣部更优美刚毅。我不知道古
罗马的凯旋门是否有像这座无与伦比的城门一样辉煌、庄严、巍峨的。对于
圣马丁城门我就不会这样说了。它的拱廊太小，体量沉重粗陋，而耗巨工建
成的乱线糙石只不过给它带来了一种最难看的哥特外观。圣贝尔纳城门更令
人咋舌。在凯旋队伍中，英雄的指挥官必须在中央。而这在这里，要让他的
鼻子不撞上柱墩，就必须选择或左或右。这是令人无法容忍的错误，让本可
完美的建筑成为一大遗憾。凯旋门必须是单拱或三拱。如果场地有限就要做
单拱，比如圣德尼城门。否则就要做三个比住宅家门还小的拱门，就像圣安
托万城门那样，平淡无奇而又错误百出。

古罗马人差不多总会在凯旋门上用基座、柱子和规则的楣部，而这种风
格我是不赞同的。以我确立的原则来看，柱和拱是绝不能共用的。柱子对于
凯旋门而言是一种附加的虚假装饰。它只会让凯旋门的体量显得异常之大，
并破坏整体的纯粹、自然和精致。不依靠柱子的建筑体系也可以创造出雄伟
壮丽的作品，而圣德尼城门就是证明。柱子一定意味着是有人居住的房子，
但凯旋门只是一个通道。因此在这种建筑上采用不同的装饰才符合自然的真
原则。伟人的天才就像永不枯竭的源泉，只要遵循这类建筑的特定风格就会
创造出千变万化的形式。

我会构想一条笔直而宽广的大道，再种上两排或四排大树。大道的尽
头是一座我所描述的凯旋门，由此进入一座半圆形、椭圆形或多边形的广
场。从广场辐射出多条大街，有的通往中心区，有的通往城郊。每条大街
都有优美的远景。这一切将构成最美的城门。而在未来很长一段时间里，
像巴黎这样的城市都不可能建造与之媲美的东西。因为有太多需拆除的，
又有太多要重建的。但至少可以为它进行规划，并随着房屋的更替一步步
实施。我们今日立下的伟业必将在未来完成。后人会感谢我们为他们描绘
的宏伟蓝图，并用数以千计的杰作铭记我们的功劳，从而印证这个数百年
规划的伟大与辉煌。

第二节　论街道的布局

大城市的街道要便于交通就必须是笔直的，并保证数量和宽度。这样就
是最便捷的，无须绕道，也不会因障碍物而拥堵。但巴黎的大部分街道都是
反例。有的城区人流和面积都很大，却只有一两条街与其他城区相连。这
经常会造成拥堵，或要让人绕道。从新桥到杜伊勒里花园唯一与圣奥诺雷
（S.Honoré）区相接的就是一条街道和两个小栅门。整个圣安托万大街只有

两条马车道通向河边。跨河桥很少，而两端的城区竟然没有桥。大多数街道都十分狭窄，人们在通行时难免有危险。街道还有很多奇怪的转弯，让两地之间的距离无故增加了一倍。

　　城市就好比森林，街道即是林间路。二者是异曲同工。林地的美在于小路的数量、宽度和布局。但这还不够，而是需要有像勒诺特（Le Nôtre）这样的大师来进行设计，用杰出的鉴赏力与智慧赋予它秩序与想象、对称与多变。形态各异的小路有的呈星形，有的呈扇形。不时像羽毛，又像扇子。一会平行，一会交叉。越是变化丰富、对比奇特，甚至构图纷乱，林地就越引人入胜、意趣无穷。然而并不是只有高大的建筑才有灵气。一切蕴含着美又需要创意与设计的东西都能激发天才的想象与灵光。这种景象在花圃的设计与绘画的构图之中都能看到。

　　让我们从这个想法出发，把公园的设计用在城市的规划上，问题只在于面积。我们可以用林间路的风格设计街道，以交叉口做广场。有的城市街道笔直，规划却出自平庸之手。乏味的精准与生硬的统一让人不由得怀念我们毫无规划的混乱城市。所有的东西都是一个模式：纵横的直线在一个平行四边形中垂直交叉。到处都在重复，各个街区千篇一律，让人难以辨别。一座公园假如只有相互独立的广场，而差别仅仅在于道路的数量，那会是多么单调沉闷。事实上，最重要的是避免过于规则和对称。沉醉于同一种思绪只会让人迟钝。若不能给人以丰富的感受，就无法令人愉悦。

　　因此为城市做规划事关重大。城市作为一个雄伟的整体，应包含无数特色各异的优美细节。这样人们就不会反复看到同样的东西，而是在漫步的过程中体会每个城区的新奇与独到之处。秩序将与变化完美融合。所有的布局都不再乏味，而是在每个规则的部分中都体现着不规则。如此我们的城市将是无与伦比的。要做到这一点就必须掌握融合的艺术，并以灵动的火花点燃最美的组合。

　　没有哪座城市可以像巴黎这样唤起艺术天才的灵感。那是一片广袤的森林，既有山川又有平原。一条大河从中穿过，大大小小的岛屿点缀在无数的支流间。艺术家若能随意雕山饰水，那这片锦绣大地将成为怎样的画卷？激动人心的思想、超凡绝伦的手法、千变万化的表达、层出不穷的创意、不可思议的联想、栩栩如生的对比——这是怎样的激情与豪迈、怎样的胸怀与创造！毋庸置疑，这个伟大的设计将因为难以实现而令人扼腕。困难在哪里？多少省城即使资源匮乏也大胆地做出了全新的规划，希望有朝一日能得以实现。那为何要对巴黎的美化绝望？法兰西地大物博，首都更是资源丰饶。一旦踏上正确的道路，时间将为我们成就一切。只要不违背万物之理，最伟大的工程需要的就是决心和勇气。巴黎已然是世界上最大的城市之一。英勇无畏、天才辈出、自信强大的法兰西民族当以让巴黎成为

222

223

224

225

226 宇宙中最美的城市为荣。

227 # 第三节　论建筑的装饰

　　城市的规划一旦完成，最主要也最困难的部分就大功告成了。不过，接下来就要控制建筑的外装饰。要建设一座优美的城市，房屋的立面就不能被个人的臆想破坏。临街的每个部分都必须由公共机关根据街道整体的设计来进行确定并加以控制。不能只确定建筑的位置，还要规定建筑的风格。

　　建筑的高度要与街道的宽度成比例。街道宽阔时建筑高度过低是无法容228 忍的。就算建筑本身很优美，低矮的外观也会让它毫无尊严。

　　房屋的立面需要规则和变化。若是严格对称的方案让一条大街上的所有房子成为一个建筑，那就是彻底的失败。千篇一律是最糟糕的错误。因此必须在同一条街上避免这种丑陋的单调。要建造一条优美的街道，就必须在平行立面相对时保持一致。同样的设计要在没有街道交叉的整个区段上延伸开，但绝不能出现在类似的区段。变化设计的手法取决于建筑的各种形式、装饰的多少及其组合方式。有了这三种变化无穷的手法，即便是最大的城市也不会出现两个相同的立面。

229 　　尽管设计可以有变化，但若装饰完全相同也是一种错误。画面的优美在于光从明到暗的渐变。这种优美的色彩和谐与突兀的对比是截然相反的。某些互补色的对比甚至会造成极不和谐的效果。我们希望将街道装饰得精美么？那就一定不要滥用装饰，而应以纯粹为主，再加上一点随意的优美。其中的法则是这样的：从随意走向纯粹，从纯粹走向优雅，从优雅走向雄伟。有时要跳到另一个极端，使用惊人的对比造成强烈的效果。有时要打破对称，让狂想驰骋于天边。有时又要刚柔相济、粗细交融、雅俗同和，而万变不离真实与自然。依我看，这样就可以让城市的房屋以迷人的装饰展现出千姿百态230 中的和谐。

　　巴黎的建筑很多，足以展示世间所有的装饰。桥梁、堤岸、宫殿、教堂、公馆、医院、修道院等公共建筑则能以独特的造型打破一般房屋的单调。挤占桥面又影响风貌的危房一旦被清除，就可以建造优美的柱廊。河岸在整治后会成为开阔的堤岸，再按照整体的设计用或多或少的装饰做出怡人的立面。这一切将让塞纳河沿岸呈现出举世无双的风景。当人们走在河两岸布局完美的街道上，就可以欣赏市政厅、公馆、宫殿和教堂的立面和广场的空间。住宅的立面要在统一中富于变化。随意的、纯粹的、优雅的、雄伟的，都艺术地融为一体，错落有致而相得益彰。不时还会有画意风格的奇异建筑映入眼帘。我相信人人在这样的美景前都会目不暇接而流连忘返的。巴黎也将不再仅仅

是一座巨大的城市，而是一个独一无二的奇迹。至此，我已阐明这个城市美　231
化方案的原则和大致方法。希望它能得到有识之士的首肯、艺术爱好者的支持，
以及热心市民的认可。最终有胆识的地方官能认真地考虑它，并充分准备实施。
我知道，一切实用的东西都比单纯的愉悦之物更受欢迎。但是，追求实用与
愉悦并不矛盾。必须牢记的是，一个能向世人展现我们民族的伟大，使得万　232
民来朝的工程也一定是实用的。

第六章　论花园的美化

233　　花园的艺术我们知之甚晚。在路易大帝时代以前，人们甚至不知道花园可以有自然野趣之外的美。围墙之内的花草树木与水面毫无格调和设计可言，不过是一派田野景象。路易十四诞生之后，他尊贵的品位与敏锐的眼光还未尽显，就已让所有的艺术家感到了他对美的挚爱。法国花园的艺术就是在他的统治下开创的。令人敬仰的设计在勒诺特（Le Nôtre）大师的笔下是那样栩栩如生。自然之中一切的美好之物都在迷人而和谐的新秩序中构成引人入胜的画面。这充满天才与热情的大作令所有的人心驰神往。让乏味的果园变成名副其实的花园成为世人的追求——有高格调的布局、优雅的装饰，尽是

234　美好之物的花园直到那时还只存在于诗人的想象中。这种变化不是由风尚决定的，那在法国很常见也很危险。单凭审美的变化就足以带来创新，遑论其他千种因素。因此，千姿百态的场地、花圃和树丛在美神的指引下让巴黎的郊区胜过城市。

　　花园的艺术或许是法国唯一没有退化的艺术。我们已比勒诺特的设计更进一步，并将我们民族最突出的才能体现得淋漓尽致：在他人创意的基础上改进和提升。每一天我们的花园都会增添几分装饰，让它愈发优美、真实而自然。诚然，花园就是为了满足我们对乡野宁静气息的追求而创造的景观。

235　这种带来怡人休憩的艺术定会日臻完美。

　　我们绝不应偏离艺术发展的正确原则。还没有哪门艺术达到了完美的境界。所谓的杰作还有很多可以修正和改进之处。问题在于认识到它们的错误，找寻它们缺少的美。须知走向完美的路只有一条。

　　对于花园要注意令人赏心悦目的纯粹之美。自然赐予我们的一切美都要很好地利用，只需以优雅柔美的设计为它锦上添花，而绝不可失掉它最迷人的田园气息。自然令我们愉悦的是：（1）树荫、绿地和溪流；（2）优美的视角与怡人的风景；（3）自然中充满乐趣的奇异与全然看不出工巧的无心之美。设计的目标就是让所有这些元素的布局构成对比与和谐，而又不让自然与优美之物黯然失色。

236　　凡尔赛宫花园一直被我们奉为世界的一大奇迹，即使在外国人眼中也是如此。对于这些花园，我要说的与凡尔赛宫并无二致：那里步步成景。皮热（Puget）、吉拉尔东（Girardon）等大师以流芳百世的作品赋予了这花园举世无双的秀美。只要世上有爱美之人，就一定会不远万里从世界各地来到这里

享受视觉的盛宴。这些世界奇观会让天才的法国人与希腊罗马人齐名。然而除此之外，这些花园还有什么让人身心愉悦之处么？我下面的剖析将回答这一问题。假如花园的美取决于青铜与大理石，取决于蒙蔽自然的对称与浮华，取决于夸张、生硬而空洞的风格，那么凡尔赛宫是当之无愧的杰作。而在这富丽的花园中漫步时，我们的心会怎样？先是惊奇与景仰，随即又是失望与无聊。这个耗资不菲的地方怎么会给人如此困惑的印象？这正是我们要考察的，而后我们就会看到破坏了花园优美的诸多错误。

　　第一个人人都会有的错误是花园的选址。这个狭小的山谷四周被荒山和密林包围，是一处只有野趣的荒地。所以不论花费多少也不会让这个畸形的地方变美。那要做多少毁伤自然之事，而在这花园上挥金如土的结果却是一副扭曲的丑陋面容。若无天成之美，没有千娇百媚的乡野风光，不能让人想入非非、心驰神往，就绝不会有美的花园。巴黎周围其实有很多美妙之地，却为凡尔赛宫选择了最昏暗的密林深处。

　　马利（Marli）的花园选址要好一些。在宫殿前有一块空场，让人在圣日耳曼堡就能望见这里的美景。这个优点虽无过人之处，却也从马尔利山谷中去掉了密林的生冷。但这又不足以让马尔利成为人们心中的美景，而那是可以实现的。这个幽远而局促的视角让宏大的景观半遮半掩，无法令人尽赏，徒然吊起遗憾的胃口。谁不想将这迷人的风光尽收眼底，谁又不会因为层出不穷的遮挡而恼火？这种不安与焦躁竟让人对隐藏在这山谷之中的景色视而不见。要让这番美景一览无余并不费力。只需让山坡上的宫殿向前一点靠近河边，就可以驰目四野。这将比圣日耳曼堡更美，因为它没有那么陡。左右两侧可以做成坡地花园。后面则是这个宜人的山谷，只是它现在挡住了一切。这里本可以成为一个最丰富多变的地方。如此看来，似乎路易大帝对于优美的选址也不十分在意。凡尔赛宫和特里亚农宫（Trianon）可以证明他没有努力去寻找，而马尔利几乎可以说明他根本就不想要好的选址。从花费上看，圣克卢的花园要比刚才那些少得多，但选址却远胜于它们。视点的布局独具匠心，一步一景，变化之丰富令人目不暇接，流连忘返。刚一走出圣克卢，心中就想何日能重见那动人的美景。默东市的花园选址是相当自由的，那里本可以找到同样理想的位置。但匪夷所思的是，优美的视线却在大道和行道的一侧。在自然提供了最好选址的地方却做出了几乎与凡尔赛宫一样封闭而纷乱的花园。

　　花园的第二个错误是严格的规则性。对称的手法完全不适合美丽的自然。植物选种、秩序与和谐是需要的，但绝不能过于死板。马蹄形广场、花圃、大道和林地的严谨造型与自然的轻松惬意是格格不入的。艺术无处不在，就像修辞那样一字一句都能感动人。这个错误也出现在我们大多数花园中，让它们失色不少，以至于要享受愉快的散步就得离开这矫揉造作的地方，到天

237

238

239

240

真烂漫的原野去追寻美的自然。我认为，中式花园的风格要胜过我们。《耶稣会士中国书简集》对皇帝离宫的描述展示了中式花园的质朴。他们所青睐的非对称设计以及丛林、河流和环境的灵活多变一定会以其乡野之气令人倾倒。这些文字的魅力让人无法抗拒，穿梭于字里行间就仿佛是漫步在精灵的仙境之中。定神之后却发现一切都是那么纯粹而自然。对纯粹的理解越深，我们的品味就越接近真理与自然。我希望这华丽的文字真实地描述了那迷人的乡野风光，而它将成为我们的典范。将中国的思想与法国的理念完美结合起来就可以让千娇百媚的自然重归我们的花园。

在平地上很难将规则的形式与自然的随意融合在花园之中。而在起伏的地形上则可以不拘一格，做出千万种变化。若是天赐良机，能将高峡低谷纳入一园之中，则可在丘壑之间尽显自然魅力，于大川之上展现万千变化。只要有机会，天才就一定不会选择平地。在起伏之上有无数的新奇、惬意的对比、美妙的惊喜，而没有单调与沉闷。每个地方都有独一无二的诗情画意，保留着万物的真实与自然。相反，在平地上就要避免陷入乏味的对称，即便有一个梦想般的花园也不得不循规蹈矩。那些想要平地花园的人无疑是为了方便散步，但他们不懂得秀色可餐与心驰神往的意义。

凡尔赛宫花园的第三个错误是过于封闭。人们游赏花园是为了呼吸新鲜的空气和放松。这里却好像总是在包围之中。到处都是高大的植物，让人的目光难以自由驰骋，而空气也无法流通。高高的树栅有如墙壁一般，而笔直的行列让林荫道成为枯燥的街道。这些绿墙的乏味显而易见，人们无疑对它是十分厌恶的。因此就要去找视线良好的阴凉之地，既无日晒的酷热，又不会被夹于两墙之间。为了这个效果，可以留出树干的空间，让树冠相连。这样就能形成各式各样的树荫。迷人的树列既不会遮挡视线又能遮阴避暑。连续的树冠犹如树干支撑的绿色拱顶。我不是说要抛弃密实的枝叶，自然的森林中有很多就是这样的。我的意思是，这些形体要有节制的使用，因为它们本身有一种沉闷和粗野的东西。它们应该像绘画中衬托明处的阴影，音乐中突出和音的不和谐音——万物之中都存在和谐。凡尔赛宫的花园就像卡拉瓦焦（Caravage）以暗为主的作品，或者有大量不和谐音破坏了效果的现代音乐。

花园的第四个错误是缺少鲜亮的绿色和外观的枯燥。优美的绿色是视觉的享受。若要让这种享受升华，只需让这种绿色形成从亮到暗的渐变。凡尔赛宫花圃中的所有花丛都有方整的轮廓，里面填着各色的沙子和不起眼的花朵。没有什么能比这种花丛更不自然的了。相比之下我更喜欢纯粹的草坪，那里至少有鲜活的绿色。而那些花圃让我的双眼疲惫不堪，除了毫无意趣的沙子和绿色的方块之外一无所有。唯一美的花圃是带草坪。它可以有简单的分隔或正确的花丛。只要所选的草好、颜色明亮，就一定会令人满意。我所谓的带花丛的草坪是这样的。花丛有两三种绿色，就像织锦上从深到浅的

同一种颜色。在这个设计中，我要把花成簇布置。再由园丁决定花的位置和
品种，让这绿色的地毯上绽放出精美的图案。在我看来，这种花圃将是最美的，
因为艺术给自然加上了点睛之笔。 246

时至今日，为了行走舒适而不弄脏衣裤，还没有人想出比沙子铺地更好
的办法。但沙子很干，又不美观。不论颗粒有多细，踩在脚下总会觉得硬。
惬意的散步需要更柔软的东西。而自然之中没有什么能比草坪更合适了。它
就像轻柔的羽毛，让双脚放松；同时又没有野生草的缺点。为了行走舒适也
绝不会剪得过短，并有一种优美的绿色变化。好的草坪是最柔软的地毯，也
最适合花园的散步。可是我们只见过天然的草坪，有没有人工的呢？这就需
要研究植物的特性以及它生长的土壤，才能让艺术模仿出这个自然的小小奇 247
迹。它是绝对值得付出一些努力的。

凡尔赛宫丛林里的绿植有些选得很差，而且总是布置得很糟糕。紫衫的
绿色过于阴暗。人们以前非常喜欢修剪得奇形怪状的紫衫，一眼望去就好像
一大盘象棋子。后来，优雅的格调胜过了这些滑稽的玩意，尽管在凡尔赛宫
还能看到不少。丛林的绿色太单调，缺少变化和层次。其实不同的树有不同
的绿色。若能将这些绿色巧妙地搭配起来形成油画般的明暗效果就是再优美
迷人不过的了。园丁应该是一位出色的画家，或者至少懂得油画中的互补色
以及颜色的明度。然后他就可以用这些绿色给人们带来惊喜。 248

凡尔赛宫花园里没有水，可没有水的花园是什么？只有水能让花园永葆
生机、美丽常在，因为水赋予了它灵性。汩汩的流水可与孤独的花园为伴。
静静地坐在喷泉或小溪边，嘟嘟的水泡和哗哗的瀑布让我们陶醉在梦境之中，
耳边仿佛还传来了仙女的嬉笑声。可为了把水引到凡尔赛宫花费了多少钱！
周围的乡田全被征用，不论水渠还是输水道，甚至塞纳河都被机械提升到与
山一样高的水位。这巨大的成本就是为了给这里供水，而后再通过数不清的
出水口排水。每年两三次，浑浊的水会神奇地喷向空中几分钟时间，之后汇
入各个水渠和池塘。其余的时间根本看不到一滴水，只有干枯的喷泉和半池
臭水。夏季经常能看到所谓的小水法，而且必须承认的是，大量喧闹的喷水 249
池给乏善可陈的凡尔赛宫花园带来了几分生气。遗憾的是，日常运行的资金
不足，所以只能在周日和节庆之时表演。不论大小水法，一周里的其他几天
都惨不忍睹。看来我们是住在了宇宙中最缺水的地方。

其实，少一些大场面的水景，多一些日常的会好得多。设想一条涓涓细流，
先从小水池中穿过，再随瀑布泻下。一会从岩缝中滴过，一会又向空中喷出。
尽情地玩闹着、嬉戏着——凡尔赛宫昙花一现的水景怎能与它相比？

对于这种过于庄严而缺少愉悦的花园，我的批评足以让人了解花园应有
的装饰风格。一座真正优美的花园要精心地布置植物，让灌木和空地虚实互补， 250
在丰富的变化中融为一体，而不要被严格的形式和对称束缚。最好有水贯穿

整个花园，再根据水源的水量设计喷泉。最后还需用心选择视点的位置，让全园都有良好的视廊、树荫和清新的空气。

　　欧洲有一位伟大的君主祸福之间成就了英名。在饱受苦难之后，幸运之光终于照耀在他的头上，让这位天才广涉万种艺术。艺术在他的手中得以发扬光大，有无数的创新拓展了艺术的领域，带来了无穷的变化，让艺术焕发
251　出无尽的魅力。是他赐予艺术家灵光，又为他们开辟道路。在他的圣恩之下，即使是平凡的建筑师也能有杰出的创造。这位胸有成竹的君主是世上能兼顾经济和建筑法则的第一人。他以不高的花费建成了大量离宫，并加上了漂亮的陈设和精美的装饰。这让我们不得不赞美天才的创造力——一个能从万物中汲取营养，又以才华创造出无数杰作的人。新颖奇特而又美丽优雅之物在他那里层出不穷。千姿百态的建筑没有奢华的材料，而是独特的设计、精美的造型和雅致的装饰让它美轮美奂。是刚毅高贵与细腻纯真的融合成就了它的美。在那里的花园漫步可以领略自然的千娇百媚。奔涌的水柱和飞泻的瀑
252　布营造出独一无二的奇景。它的房间以水帘为窗，餐厅用水灯照明。总之，一切都是绝妙新奇的，优美与愉悦无处不在。就让我们的艺术家拜这位伟大的君王为师，求得令世人惊叹与景仰的真谛吧！

索 引

J

L

M

N

译后记

革命人永远是年轻——这大概是译完《洛吉耶论建筑》之后最突出的印象之一。一位对建筑理论有着执着追求的耶稣会牧师将自己"幼稚"的观点匿名出版，结果被审查的警方误以为是一个血气方刚的青年。或许这证明了要进行纯粹的理论研究必须有一颗赤子之心，也唯有真理才能永恒。

这个被英国建筑史学家约翰·萨默森（John Summerson）称为"第一位现代建筑哲学家"的神父，在 18 世纪法国启蒙运动以及大革命临近的时代背景下表现出一种特有的进步意识。他本人离开耶稣会的一系列经历也从一个侧面体现出他敢于挑战权威的态度。在那个时代，法兰西的民族自尊高涨，并集中体现在一个愿望之上：成就与古希腊罗马齐名的建筑。在这种愿望的驱使之下，"千奇百怪"的建筑层出不穷，而在洛吉耶看来这完全不能成为一个优秀民族的象征。因此，他希望用理性的思考让一个民族的建筑重归原点，并以此作为建筑的基本原则。可以说，这一理论建构在一定程度上实现了他的愿望，也几乎是他名垂青史最主要的成就。

同时，洛吉耶对自己建筑法则的坚持与他大胆的创新设计是同样执着的。一方面，他认为最纯粹、最接近原点的建筑才是最美的，并列出了当时各种离经叛道的设计加以抨击。另一方面，他又别出心裁地设计了一座三角形平面的教堂。如此一来，他就难逃被当代建筑师批判的命运，正如他指责那些同在摸索法国建筑设计的人一样。而《驳建筑论》的出现与《洛吉耶论建筑》的再版和当时法国音乐界的论战如出一辙。或许这种争鸣的矛盾状态也是理论生长所需的土壤，并在后来孕育出像部雷那样更具革命性的宏大建筑方案。

在对建筑业针砭时弊以外，洛吉耶另一个值得关注的地方是他的广博。虽然原书名为《建筑论》（Essai sur l'Architecture），但他并没有局限在狭义的建筑上，而是走向了规划、园林，甚至科学。如果说整治巴黎城市风貌的设想源自他的民族自尊心，那么认为自然的中式园林胜过几何式园林则与重归原点的建筑理论基础是一脉相承的。而他关于建筑选址的很多内容更与今天的人居环境科学十分接近。因此可以说，在《洛吉耶论建筑》统一的内在逻辑下，洛吉耶把建筑的美和实用放到了更大的层面上，让人们看到了古今中外建筑科学的一种普遍性。

此外，《洛吉耶论建筑》在 18 世纪的法国取得巨大反响的另一个原因在于他通俗易懂的文笔。这或许对于我们今天构筑建筑理论的反思也具有重要的启发意义。以平实、甚至是优美的文字阐明复杂的建筑理论，以开放乃至包容的态度让理论走向社会，无疑是一位胸怀与眼界同样开阔的神父的又一个闪光点。

当然，必须承认单凭译介的手段是不足以揭示大的时代背景下洛吉耶建筑理论全部内涵的，但如果能以此引发今天人们对建筑理论的关注和思考，并尝试在中国让建筑回归原点，那这样一部译著也就无愧于历史和时代了——他山之石可以攻玉。

《洛吉耶论建筑》中译本根据是其法文第二版，翻译时主要参考了沃尔夫冈·赫尔曼（Wolfgang Herrmann）的英译本。但法文版后面的对其第一版批评的"回应"（Reponse）以及"术语词典"（Dictionnaire des termes）等均未翻译。

最后，我要感谢恩师王贵祥教授多年来在建筑史和理论研究上的指导以及建筑翻译上的帮助。李路珂老师和董苏华编审为这本书的问世做了大量工作，没有她们是不可能将这部理论经典呈现给读者的。衷心希望本书能成为建筑真理之路上的一盏明灯。

尚晋
2014 年 12 月 26 日
于清华大学建筑学院